PLL回路の設計と応用

遠坂俊昭　CQ出版株式会社　2004

著 者 简 介

远坂俊昭

1949 年　生于群马县新田郡薮塚本町

1966 年　在前桥开设业余无线电台 JT1 WVF

1973 年　进入(株)三工社

1977 年　进入(株)NF 电路设计集团

　　　　从事隔离放大器,锁相放大器,FRA,保护继电器等的开发

2001 年　获得文部科学大臣奖

主要著作

《CMOS-IC 選び方・使い方》,1987 年 4 月,技术评论社

《計測のためのアナロダ回路設計》,1997 年 11 月,CQ 出版株式会社

《計測のためのフィルタ回路設計》,1998 年 9 月,CQ 出版株式会社

《〈測試用〉類比電路設計窍務》,白中和　,1999 年 4 月,建兴出版社

图解实用电子技术丛书

锁相环(PLL)电路
设计与应用

〔日〕 远坂俊昭 著

何希才 译

科学出版社

北 京

图字：01-2005-1157 号

内 容 简 介

本书是"图解实用电子技术丛书"之一，本书主要介绍锁相环（PLL）电路的设计与应用，内容包括 PLL 工作原理与电路构成、PLL 电路的传输特性、PLL 电路中环路滤波器的设计方法、PLL 电路的测试与评价方法、PLL 特性改善技术、实用的 PLL 频率合成器的设计与制作、可编程分频器的种类与工作原理以及电压控制振荡器等。

本书内容丰富、实用性强，便于读者自学与阅读理解，可供电子、通信等领域技术人员以及大学相关专业的本科生、研究生参考，也可供广大的电子爱好者学习参考。

图书在版编目(CIP)数据

锁相环(PLL)电路设计与应用/(日)远坂俊昭著；何希才译.—北京：科学出版社，2005（2025.3重印）
（图解实用电子技术丛书）
ISBN 978-7-03-016528-2

Ⅰ.锁… Ⅱ.①远…②何… Ⅲ.环路锁相-电路设计 Ⅳ.TN911.91

中国版本图书馆 CIP 数据核字(2005)第 140291 号

责任编辑：肖京涛 崔炳哲／责任制作：魏 谨
责任印制：赵 博／封面设计：李 力

科学出版社 出版

北京东黄城根北街 16 号 邮政编码：100717
http://www.sciencep.com

天津市新科印刷有限公司印刷

科学出版社发行 各地新华书店经销

＊

2006 年 1 月第 一 版 开本：720×1000 1/16
2025 年 3 月第二十二次印刷 印张：18 1/2
字数：275 000

定 价：**42.00 元**
（如有印装质量问题，我社负责调换）

前　言

PLL(锁相环)是 Phase Locked Loop 的缩略词。参加工作时,我研制开发了采用 PLL 电路的地上传感器进行自动检测的 Q 表。地上传感器用于铁道上的 ATS(Autromtic Train Stop,自动列车停车装置),它是由谐振电路构成的一种 720mm×320mm 白色椭圆状的装置,安装在铁轨的枕木上。当发出红色停车信号时,传感器在 130kHz 频率上产生谐振,其上通过的列车检测到该信号就自动停车。其工作原理如下图所示,在地上传感器之上安装检测线圈时,谐振频率处输入输出信号的相位差变为 90°,检测线圈的输出电压与地上传感器的 Q 值成正比例。另外,在输入输出信号相位差为 90°的频率时,PLL 电路进行锁相,用数值显示谐振频率与 Q 值,这就是 Q 表。当时,我完全不知道 PLL 电路的设计方法,而是根据杂志上刊载的 PLL 电路模索着设计,将原电路东拼西凑构成实际电路。

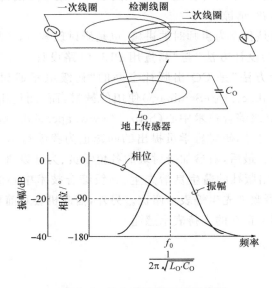

图 0.1　地上传感器与检测线圈

　　研制开发 Q 表之后,我对 PLL 电路技术产生了浓厚的兴趣。其后,还多次设计了采用 PLL 电路的装置。然而,由于我不懂得 PLL 电路中环路滤波器的设计方法,故在对试做装置进行调整时,只能边观察电路的工作情况,边修改电路参数,这样反复进行设计。

　　在进行设计期间,我看到了书末参考文献[4]这本书,弄懂了考虑负反馈的相位裕量设计环路滤波器即可,就是在这时发现了问题的本质。在以后设计时,可以根据计算出的 RC 常数对所有的 PLL 电路进行最佳锁相。

　　最近,可采用方便的软件对 PLL 电路中环路滤波器的常数进行计算,在销售 PLL 电路器件的公司主页上都使用这种软件。然而,使用这种软件计算的环路滤波器的常数对于限定的应用(多数情况是频率合成器)是最佳值。而 PLL 电路的应用范围非常广,即使 PLL 电路框图构成相同,但由于应用不同,其最佳环路滤波器的常数也是不同的。因此,为了更好地使用 PLL 电路,求出 PLL 电路各框图的传递函数,根据负反馈相位裕量计算出环路滤波器的常数也非常重要。读完本书就会弄懂这个问题,而好在本书求出的 PLL 电路中各部分传递函数较简单,环路滤波器也是使用较低次的滤波器。

　　本书的主要部分是 PLL 电路中环路滤波器常数的计算。由于环路滤波器常数的计算是 PLL 电路设计中最重要的部分,因此不得不这样做,请谅解。

　　该书原是我作为讲师时的讲稿,也是研讨班教材,教材名称是“PLL 电路的设计方法”与“测量用 PLL 电路设计”。其中“PLL 电路的设计方法”是 CQ 出版社主办的“初级电子研讨班”(http://it.cqpub.co.jp/eSeminar/)使用的教材,而“测量用 PLL 电路设计”是高级综合技术中心(http://www.apc.ehdo.go.jp/)使用的教材。另外,研讨班学员提出的问题也为我编写本书提出了有益的帮助。最后,对参加研讨班的各位学员、为开设研讨班提供机会的 CQ 出版社的蒲生良治先生、高级综合技术中心的冈荣太郎先生、清野政文先生等表示谢忱。另外,借此机会对前桥的双亲远坂平四郎・正江的支持表示感谢。

著　者

目　录

第1章
PLL 工作原理与电路构成

（PLL 与频率合成技术简介）

本章首先大致说明一下 PLL 的基本构成与各部分工作原理；然后，概略介绍 PLL 的噪声与信号纯正度、以及除频率合成器以外的其他应用实例。

1.1　PLL 电路的基本工作原理

1.1.1　PLL 电路的三大组成部分

简单地说，PLL（Phase Locked Loop，锁相环）电路是用于生成与输入信号相位同步的新的信号电路。图 1.1 是 PLL 电路的基本框图，照片 1.1 是一个实际 PLL 电路的工作波形例子。PLL 电路基本上由下述三大部分组成，即用三个框图表示。

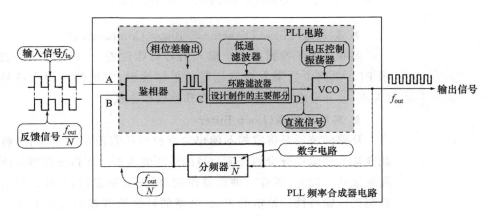

图 1.1　PLL 电路/频率合成器的构成

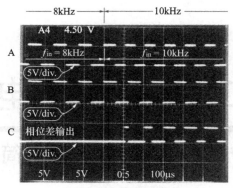

(a) 鉴相器的输入输出波形

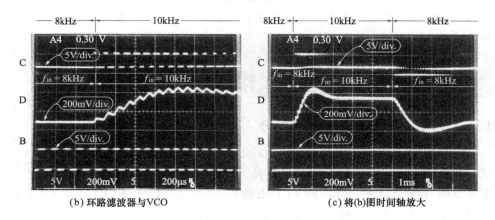

(b) 环路滤波器与VCO   (c) 将(b)图时间轴放大

照片 1.1　PLL 电路的信号波形(A～D 参照图 1.1)

▶ 鉴相器(Phase Detector 或 Phase Comparator)

鉴相器用于检测出两个输入信号的相位差。照片 1.1(a)表示 PLL 电路中数字方式鉴相器的工作波形,它检测出两个信号(A,B)上升沿之差。鉴相器还有其他模拟方式。

▶ 环路滤波器(Loop Filter)

环路滤波器是将鉴相器输出含有纹波的直流信号平均化,将此变换为交流成分少的直流信号的低通滤波器。环路滤波器除滤除纹波功能以外,还有一种重要作用,即决定稳定进行 PLL 环路控制的传输特性。稳定的 PLL 电路的环路滤波器的设计方法也是本书的主要部分。

▶ 压控振荡器(VCO:Voltage Controlled Osillator)

压控振荡器就是用输入的直流信号控制振荡频率,它是一种可变频率振荡器。

1.1.2　PLL 的应用与频率合成器

在图 1.1 框图中,将输入信号与 VCO 输出信号(或者 VCO 输出经分频器分频的信号)的相位进行比较,控制两个信号使其保持同相位。两个输入信号同相位,当然也可对频率进行同样的控制,这样以来就可使 VCO 输出的振荡频率能够跟踪输入信号的频率了。

这时,VCO 的频率变化由环路滤波器的时间常数决定。时间常数越大(截止频率低),频率变化越缓慢;时间常数越小(截止频率高),频率变化越快。这样,VCO 的振荡频率同步跟踪输入信号的频率。

在图 1.1 框图中,若跟踪速度设计适当,由 VCO 可得到接收信号或与电磁波同步的信号。例如,接收电磁波信号中叠加有噪声时,VCO 立即停止接收该信号,不受噪声的影响,VCO 与接收信号的平均频率稳定同步,并持续振荡。

另外,在图 1.1 的框图中,若在 VCO 输出与鉴相器输入之间接入分频器,则输入频率与 VCO 输出频率的分频频率同步。也就是说,VCO 的振荡频率对输入信号的分频频率进行控制。

因此,若在 PLL 输入信号中加上由晶振等产生稳定的频率信号,并对分频器的频率进行切换,则由 VCO 的输出得到与输入频率同样精度的分频信号。这就是 PLL 方式频率合成器的原理。

1.1.3　PLL 电路各部分工作波形

照片 1.1 是测量实际 PLL 电路的工作波形,这里表示了输入信号为 8kHz 与 10kHz 交互切换时各部分工作波形(没有接分频器时)。

照片 1.1(a)表示鉴相器的输入输出波形。输入信号 A 从 8kHz 急剧变化到 10kHz 时,VCO 的输出 B 开始为 8kHz。其后,仅在 A 上升沿到 B 上升沿之差时鉴相器的输出变为高电平,上升的同时无脉冲输出。

照片 1.1(b)表示环路滤波器输入输出与 VCO 输出波形。若鉴相器输出高电平信号时,环路滤波器的输出电压缓慢上升,VCO 输出频率也与此成比例升高。

照片 1.1(c)表示照片(b)中时间轴的刻度增大为原来的 5 倍

（由 200μs/div. 变为 1ms/div.）时,环路滤波器输入输出与 VCO 输出波形。输入频率急剧变化时,鉴相器根据相位差输出脉冲,环路滤波器输出缓慢变化。而观测到的 VCO 振荡频率与输入频率相同,环路滤波器的输出电压收敛于恒定值。

当数字信号与模拟信号同时存在时,这样的 PLL 电路可以称为输出频率与输入频率同步的自动控制电路。

实际的鉴相器电路方式有各种类型,而这里实验使用的鉴相器是将两个输入信号上升沿处相位进行比较的数字类型。

1.2 PLL 电路以及频率合成器的构成

无论是工业还是民用,PLL 电路的应用范围非常广,而且已经超出了著者所知范围。除了以下介绍的应用范围外,请参考书末的参考文献。本书介绍典型应用频率合成器中 PLL 电路的构成方法。

1.2.1 输出为输入 N 倍频的方法

PLL 电路是将输入波形与 VCO 振荡波形的相位进行比较,使其输入频率与 VCO 振荡频率同步的电路。如图 1.2 所示,VCO 输出经分频后的信号与输入波形的相位进行比较时,输入频率与分频后的频率为同一频率,即 VCO 的振荡频率与分频后的频率同步。具有由外部任意整数值设定分频功能的分频器称为可编程分频器(Programable Devider)。

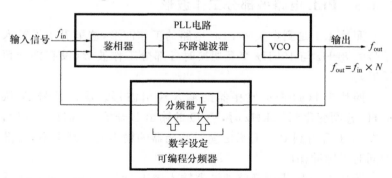

图 1.2 输出为输入 N 倍频的方法

1.2.2 输出为输入 N/M 倍频的方法(输入部分接入分频电路)

在图 1.2 所示的 PLL 电路中,输出频率设定分辨率等于相位比较频率。因此,PLL 电路输出频率的精度由输入信号频率的精度决定。为此,对于频率合成器等,一般由晶振产生输入信号。然而,廉价晶振的稳定振荡频率范围为几兆至几十兆赫[兹]。

为此,要想得到更高设定分辨率时,采用如图 1.3 所示的 PLL 电路,它是以必要的设定分辨率的频率(1kHz 与 10kHz 等)对几兆赫[兹]的振荡频率进行分频而构成的电路。

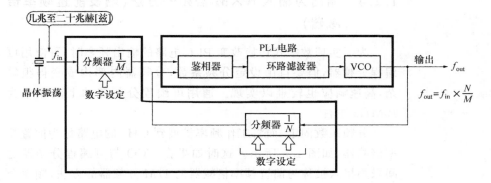

图 1.3 输出为输入 N/M 倍频的方法

1.2.3 输出为输入 N/M 倍频的方法(输出部分接入分频电路)

在图 1.2 构成的 PLL 电路中,为了拓宽频率合成器的输出频率范围,在宽范围内取分频系数,相应的 VCO 振荡频率也要在宽范围内改变。然而,正如第 2 章说明的那样,分频系数范围变宽,作为 PLL 电路的传递函数也跟着变化,VCO 很难输出高纯正度的信号。

另外,可变 VCO 的振荡频率范围也是有限的。一般来说,振荡频率范围宽,则 VCO 输出信号的纯正度也随之降低。

输出波形为方波时,如图 1.4 所示,在 VCO 输出部分接入分频器,可以拓宽输出频率范围。例如,VCO 振荡频率范围即使为 $1\sim10\mathrm{MHz}$,若输出分频器的分频系数 N 设定为 $10,100,1000$,$\cdots$,则也可以得到较低的频率。

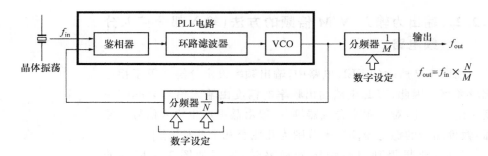

图 1.4 输出为输入 N/M 倍频的方法(方波)

1.2.4 输出为输入 $N \times M$ 倍频的方法(增设前置频率倍减器)

为了实现数字式切换改变 PLL 电路的输出频率时,可使用可编程分频器,但要自由设定分频系数,分频器内部构成变得很复杂,高速响应也较难以实现。通用可编程分频器的上限频率为 10MHz 左右。

分频系数固定,而将工作频率扩展到 GHz 的电路称为前置频率倍减器,如图 1.5 所示。这时如果在 VCO 与可编程分频器之间采用接入被称为前置频率倍减器的 $1/M$ 分频器的方法,频率合成器的频率也可能达到 GHz 数量级。但是,这种方法牺牲了前置频率倍减器所有分频系数设定的分辨率。为此,可采用称为脉冲吞没式的计数器,详细情况在以后的章节中介绍。

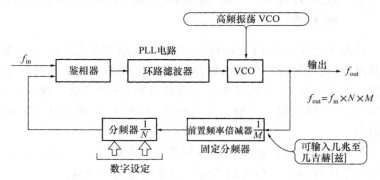

图 1.5 输出为输入 $N \times M$ 倍频的方法

1.2.5 PLL 电路与外差电路的组合方式(输出为($f_{in} \times N$)$+ f_L$)

后面的专栏图 1.B 中介绍的外差方式可用内部振荡器对频率进行自由变换,在 PLL 电路中采用这种外差方式的构成如图 1.6 所示。

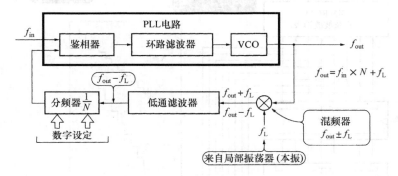

图 1.6 PLL 电路与外差的组合方式

根据内部振荡器的振荡频率将 VCO 输出频率变为较低频率($f_{out}-f_L$)时,用可编程分频器进行分频。这样,不会像前置频率倍减器那样牺牲设定分辨率,环增益也不会降低,因此,可以得到纯正度更高的输出信号。

但是,为了拓宽输出频率范围,内部振荡器的振荡频率(f_L)必须是可变的。

1.2.6 PLL 电路与 DDS 的组合方式

若提高 PLL 电路的设定分辨率,则分频系数变大,相位比较频率变低。为此,改变设定值时,PLL 的响应速度变慢。另外,环增益随着分辨率的增高而下降,输出波形的纯正度变坏(理由以后介绍)。

随着 LSI 技术的发展,直接数字频率合成器 DDS(Direct Digital Synthesizer)构成的信号发生器已实用化。DDS 构成的正弦波发生器如图 1.7 所示,它是由加法器与锁存器构成的累加器等组成,每当外来一个时钟脉冲,则累积计算设定值。经常得到速度与设定值成比例的数字数据,这种数据可作为预先写入正弦波数据 ROM(读出专用存储器)的地址加入到电路中。这样,可从 ROM 中读出正弦波数据。由 D-A 转换器将此变换为模拟波形,再由低通滤波器滤除时钟脉冲成分,可得到高纯正度的正弦波信号。

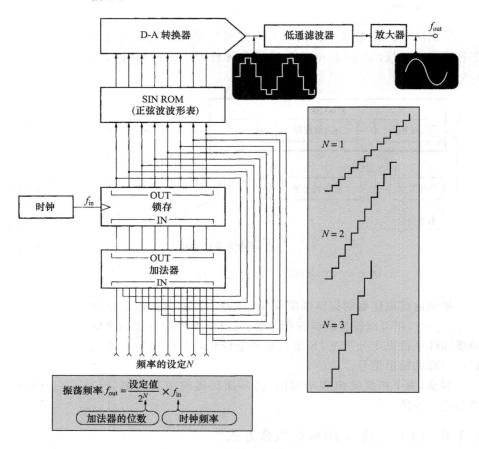

图 1.7 DDS 构成的正弦波发生器

DDS 的设定分辨率由累加器的位数决定,由于多位累加器嵌在 LSI 内,因此,对于几兆赫[兹]的振荡频率,也可以得到 1Hz 左右的分辨率。

但是对于 DDS,振荡频率为基准时钟的 1/10 左右时,可以得到寄生成分较少的波形,而频率设定超过其上频率时,寄生成分比较显著。也就是说在低频时,DDS 是一种获得高纯正度、高设定分辨率的优良方式。

DDS 得到的信号用作 PLL 输入信号时,PLL 的相位比较频率变高,而由 DDS 设定频率可以构成高分辨率的频率合成器,如图 1.8 所示。

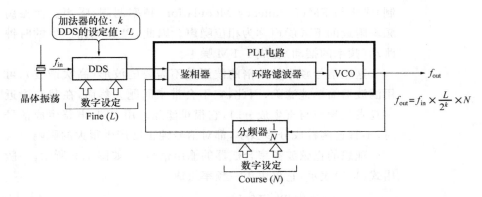

图 1.8 PLL 与 DDS 组合的电路

1.3 PLL 频率合成器的信号纯正度

1.3.1 理想频率合成器的输出频谱(1 根谱线)

制作采用 PLL 电路的频率合成器时,要获得优良的输出波形,即信号纯正度高的波形是一个重要课题。

所谓"单纯信号",原理上如图 1.9 所示,它是由单一频率组成。若用频谱分析仪进行观测,观测到的仅是一根谱线。然而,这完全是理想的情况。普通 PLL 电路的输出信号(VCO 的输出信号)中多少有些不需要的频率成分,包含噪声与高次谐波失真以及寄生成分。高次谐波失真是由整数倍基波的频率成分组成,但除整数倍频率以外,不需要的频率成分一般称为寄生成分。

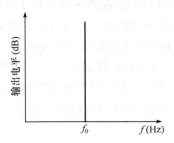

图 1.9 理想的正弦波频谱

对于 PLL 电路,由于相位比较频率成分的漏泄,因此,只是在整数倍比较频率偏移振荡频率的高低两侧,容易产生寄生成分。其中,噪声与寄生成分中有 AM(Amplitude Modulation,振幅调制)噪声与 FM(Frequency Modulation,频率调制)噪声。而振荡频率附近的 FM 噪声称为相位噪声。因此,PLL 电路产生的时钟跳动(频率的摆动)变成了 FM 噪声。

这些信号频率整数倍的波形是不需要的波形(高次谐波),可用滤波器简单地滤除,因此,它不会带来问题。然而,在载波附近一旦发生噪声与寄生成分时,它很难滤除。用 PLL 电路生成信号时,不管这两种成分多么小,都对信号纯正度产生很大的影响。

理想的正弦波频率合成器的输出信号 v_o 如图 1.9 所示,一般用式(1.1)表示,它仅由单一频率组成。

$$v_o = A\sin(2\pi f_0 t) \tag{1.1}$$

式中,A 为输出波形的振幅;f_0 为输出频率。

然而,实际上由于信号中混有噪声(失真与干扰产生不需要的信号波形),而频谱分析仪的频率分辨率是有限的,加上内部寄生成分等,因此只观测到 1 根谱线。

频率合成器信号纯正度变坏的主要原因,除信号波形的失真与噪声以外,还有各种影响使产生的信号发生调制的情况。

调制的类型有改变式(1.1)中振幅 A 的振幅调制 AM,另外,还有改变频率 f_0 的频率调制 FM。

1.3.2　振幅调制的噪声(AM 噪声)

现研究一下调制时各种信号波形,被调制的信号称为载波(Carrier Wave),对载波进行调制的信号称为调制信号(Modulation Signal),调制后的载波称为调制载波(Modulated Carrer)。

照片 1.2 表示用 1kHz 的调制信号对 10MHz 载波进行振幅调制的波形。在载波上可以观察到 1kHz 的调制信号。为了观察载波本身的波形,将时间轴的每格时间变短,这时观察的波形如照片 1.3 所示。由于采用比载波频率低的 1kHz 调制信号对 10MHz 的载波进行调制,由图可见被调制部分的波形变粗。

若载波为 $V_C\sin(2\pi f_C t)$,调制信号为 $V_S\cos(2\pi f_M t)$,则 AM 波 v_{AM} 可表示为:

$$v_{AM} = [V_C + V_S\cos(2\pi f_M t)]\sin(2\pi f_C t) \tag{1.2}$$

而载波的振幅与调制信号振幅之比为:

$$m = \frac{V_S}{V_C}$$

称为调制度。因此有

$$v_{AM} = V_C \sin(2\pi f_C t) + m V_C \cos(2\pi f_M t) \sin(2\pi f_C t)$$

$$= V_C \sin(2\pi f_C t) + \frac{m}{2} V_C \sin[2\pi(f_C + f_M)t]$$

$$+ \frac{m}{2} V_C \sin[2\pi(f_C - f_M)t]$$

AM 波是在调制信号振幅一半时产生的频谱,而这种调制信号只存在于调制频率偏移载波为 f_M 的正负两侧。

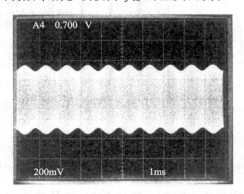

照片 1.2 用 1kHz/10％频率对 10MHz 载波进行振幅调制的波形

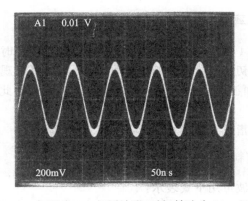

照片 1.3 与照片 1.2 相同波形(时间轴改为 50ns/div.)

图 1.10 是用频谱分析仪观测照片 1.2 所示信号的频谱。这里,调制度为 10％,由图可见,两侧频谱为 10％(-20dB)的一半(-6dB),电平比载波低-26dB。

对于 PLL 电路,电源电压的变化等引起压控振荡器 VCO 输出波形的变化,这就变成了 AM 调制情况。因此,在变化的频率偏移载波的两侧,VCO 的输出波形中出现寄生成分。

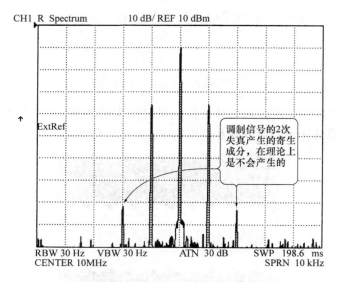

图 1.10 照片 1.2 所示 AM 波的频谱

（10dB/div.，1kHz/div.）（载波频率：10MHz；调制信号频率：1kHz；调制度：10％）

在 PLL 电路中，检测/反馈只是 VCO 的频率成分，因是进行相位比较，VCO 一旦产生 AM，调制成分不能得到改善。

1.3.3 频率调制的噪声（FM 噪声）

照片 1.4 表示 10MHz 载波、100kHz 频率偏移时 FM 调制波形。波形的初始部分由于施加触发信号，因此可以观察到非常清晰的波形，而波形后半部分，由于进行 FM 调制，因此观察到的波形较模糊。

若调制指数为：

$$调制指数(\beta) = \frac{最大频率偏移(\Delta f)}{调制频率(f_M)}$$

则 FM 调制波可用下式表示：

$$v_{FM} = V_C \cos[2\pi f_C t + \beta \sin(2\pi f_M t)]$$

若将上式展开，则变为：

$$v_{FM} = V_C \cos(2\pi f_C t) \cos[\beta \sin(2\pi f_M t)]$$
$$- V_C \sin(2\pi f_C t) \sin[\beta \sin(2\pi f_M t)]$$

由于在 sin 以及 cos 中还有 sin 项，因此，用下式的贝塞尔函数将其展开。

$$\cos[\beta \sin(2\pi f_M t)] = J_0(\beta) + 2 \sum_{n=1}^{\infty} J_{2n}(\beta) \cos(4n\pi f_M t)$$

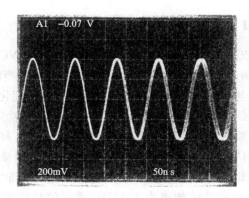

照片 **1.4** 10MHz 载波、100kHz 频率偏移时 FM 调制波形

$$\sin[\beta\sin(2\pi f_\mathrm{M}t)] = 2\sum_{n=1}^{\infty}J_{2n}(\beta)\sin(2\pi(2n+1)f_\mathrm{M}t)$$

若将这些关系代入，可以得到分解为各频率成分的 FM 波表达式。

$$v_\mathrm{FM} = V_\mathrm{C}J_0(\beta)\cos(2\pi f_\mathrm{c}t) \qquad \text{(载波频率)}$$
$$+ V_\mathrm{C}J_1(\beta)\cos[2\pi(f_\mathrm{C}+f_\mathrm{M})t] - V_\mathrm{C}J_1(\beta)\cos[2\pi(f_\mathrm{C}-f_\mathrm{M})t]$$
$$\text{(第 1 上下边波)}$$
$$+ V_\mathrm{C}J_2(\beta)\cos[2\pi(f_\mathrm{C}+2f_\mathrm{M})t] - V_\mathrm{C}J_2(\beta)\cos[2\pi(f_\mathrm{C}-2f_\mathrm{M})t]$$
$$\text{(第 2 上下边波)}$$
$$+ \cdots$$
$$+ V_\mathrm{C}J_n(\beta)\cos[2\pi(f_\mathrm{C}+nf_\mathrm{M})t] - V_\mathrm{C}J_n(\beta)\cos[2\pi(f_\mathrm{C}-nf_\mathrm{M})t]$$
$$\text{(第 n 上下边波)}$$
$$+ \cdots$$

这样，被 FM 调制的信号用单一正弦波进行调制时，也会产生多个边波成分。而在载波两侧调制频率整数倍的偏移频率上产生寄生成分，寄生的数量随着频率偏移的增大而增加。

第 1 边波的系数可由下式求出。

$$J_1(\beta) = \sum_{r=0}^{\infty}\frac{(-1)^r}{r!\,(r+1)!}\left(\frac{\beta}{2}\right)^{1+2r}$$
$$= \frac{\beta}{2} - \frac{\beta^3}{1!\,2!\,2^3} + \frac{\beta^5}{2!\,3!\,2^5} - \frac{\beta^7}{3!\,4!\,2^7} + \cdots$$

因此，在 PLL 电路中，若采用相位比较频率成分产生的纹波电压对 VCO 进行 FM 调制，则在载波两侧偏移相位比较频率的 n 倍频率处产生寄生成分，纹波电压增大时寄生数量增多，载波的振幅按照贝塞尔函数减小。

1.3.4　FM 噪声的影响

若在 VCO 中使用的半导体器件产生的噪声对 VCO 输出波形进行 FM 调制,则从载波到噪声频率成分的频带内噪声电平增大。

在 PLL 电路中,由于半导体器件的噪声与电源变化而产生的漏磁通等对 VCO 进行 FM 调制,因此,VCO 输出信号中产生寄生成分。

VCO 中频率变化引起的寄生成分原理上与 PLL 环反馈量成比例,因此,可对寄生成分进行抑制。然而,PLL 的反馈量在频率非常低时变大,因此,VCO 开环时输出高纯正度的信号是非常重要的。

图 1.11 表示载波频率为 10MHz、调制信号频率为 100kHz、频率偏移为 100kHz 情况下,进行 FM 调制时的频谱。使用 100kHz 正弦波进行调制时,根据贝塞尔函数可知也会产生多根频谱。

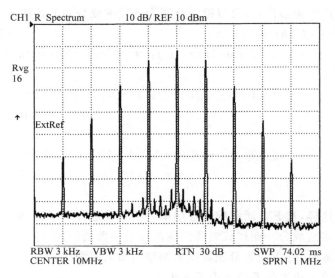

图 1.11　照片 1.4 所示 FM 波的频谱

(10dB/div. ,100kHz/div.)(载波频率:10MHz;调制信号频率:100kHz;
频率偏移:100kHz)

图 1.12 表示频率偏移为 10kHz 时频谱,图 1.13 表示频率偏移为 1kHz 时频谱。这样,频谱的数目随着 FM 调制的频率偏移的减小而减少。

图 1.14 表示不改变载波频率、调制指数为 2.405,根据贝塞尔函数改变调制信号频率时的频谱。

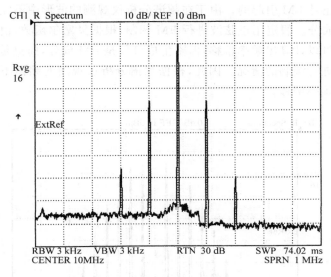

图 1.12 频率偏移为 10kHz 时的频谱

(10dB/div.，100kHz/div.)（载波频率：10MHz；调制信号频率：100kHz；
频率偏移：10kHz）

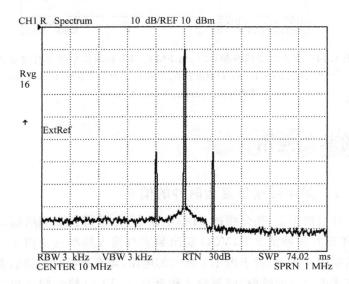

图 1.13 频率偏移为 1kHz 时的频谱

(10dB/div.，100kHz/div.)（载波频率：10MHz；调制信号频率：100kHz；
频率偏移：1kHz）

这样，只根据频谱分析仪观测的波形，不能判断寄生成分是由

AM 还是 FM 引起的。由于在频谱分析仪观测的波形中不完全是 AM 成分。假定用正弦波进行 FM 调制,根据贝塞尔函数,由寄生成分可以计算出频率偏移,但寄生成分仅是 FM 成分,而只是由正弦波进行调制的情况。因此,根据频谱分析仪观测的频谱不能计算出频率偏移。

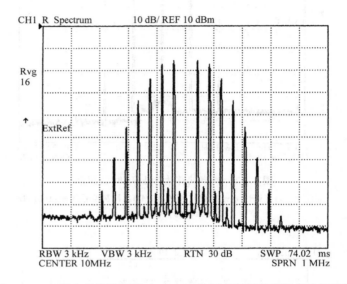

图 1.14 在不改变载波频率时,由 FM 波调节调制信号频率时的频谱
（10dB/div.,100kHz/div.）（载波频率:10MHz;调制信号频率:41.58kHz;
频率偏移:100kHz;调制指数:2.405）

1.4 PLL 的其他应用

1.4.1 数字数据恢复为时钟的情况

到目前为止,在介绍的 PLL 电路中,为了得到准确的输出频率,不论在何种情况下,VCO 输出频率与输入频率完全同步是非常重要的。然而,对于图 1.2 所示的电路,若有意将低通滤波器的响应速度设计的较慢,即使输入频率变化,VCO 输出频率也可以稳定地与输入信号的平均频率同步。由数字数据恢复为时钟就是这种情况(参见图 1.5)。

对于数字音频设备到相关的计算机,数据传输有各种方式。比较简单的实例,就是在红外遥控器的解调电路中使用数据解调

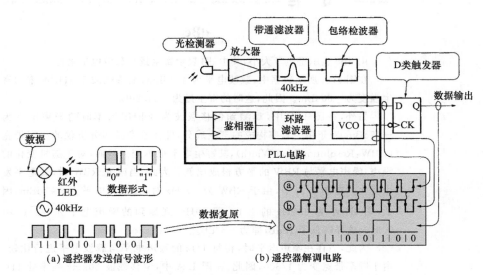

图 1.15　红外线遥控器中数字数据恢复为时钟的情况

的 PLL 电路。

红外遥控器的数据如图 1.15(a)所示,它是 1 位的周期固定而改变占空比的"1"与"0"表示的数据。发送数据时,首先对该串行数据进行振幅调制,然后再由红外 LED 变换为光输出。

图 1.15(b)是解调电路的构成图,光检测器将光信号变为电信号,再经放大器放大,由带通滤波器滤除不需要的噪声。而检测出包络就可得到ⓐ所示信号。在ⓐ所示信号的上升沿进行相位比较,则由 VCO 得到ⓑ所示的时钟。若用ⓑ所示时钟上升沿驱动 D 触发器,则可解调出ⓒ所示数据。

在图 1.15 所示电路中,也可以考虑使用单稳态多谐振荡器替代 PLL 电路,但在ⓐ所示信号中若混入噪声,则波形(数据)就会紊乱。采用环路滤波器的具有较小时间常数(VCO 的频率不急剧变化)的 PLL 电路方式时,抗误动作能力强。对于 PLL 电路中环路滤波器的时间常数、锁定时间与耐噪声特性采用折衷选择方案。

===== 专 栏 =====

dBc

用 dBc 表示寄生量大小,其中 dB 表示寄生量与载波电平之比。

在图 1.A 所示数据中,载波电平为 4.2dBm,偏移载波 10kHz 频率的寄生强度为 −60dBm。因此,这时的寄生量为 −64.2dBc。

另外,在图 1.A 中,观测到偏移载波为 30kHz 频率时的噪声电平为 −77dBm。对于单一频率构成的寄生成分,即使改变频谱分析仪的频率带宽(RBW:ResolutionBand-Width),其寄生电平也不变。然而,对于随机变化的噪声,噪声电平与 RBW 的平方根成比例。为此,当改变 RBW 时,其电平发生变化。在图 1.A 中,由于 RBW 为 300Hz 时,其噪声电平为 −77dBm,因此,若 RBW 为 300Hz 的 1/10,即 30Hz,观测到的噪声电平为 $\sqrt{1/10} \approx$ 0.316,这样降低了 10dB,即为 −87dB。

为此,当存在噪声电平时,将每 1Hz 的噪声电平与载波电平进行比较。由于频率带宽变为 1/300,因此,在图 1.A 中,偏移载波 30kHz 频率处 1Hz 带宽的噪声电平,从观测值开始下降 $20\log(1/\sqrt{300}) \approx -24.8$dB,变为 −101.8dBm。因此,在图 1.A 中,偏移载波 30kHz 频率处噪声电平为 −106dBc/$\sqrt{\text{Hz}}$。

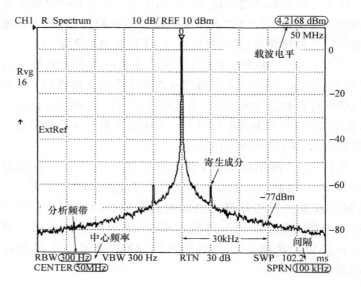

图 1.A 50MHz 载波频谱实例(10dB/div. ,10kHz/div.)

1.4.2 频率-电压转换电路(FM 解调电路)

图 1.16 是把 VCO 输入信号作为输出信号的 PLL 电路。若 VCO 控制电压-输出频率特性是线性的,当输入信号与 VCO 输出信号的频率同步时,则 VCO 输入电压是与输入频率成比例的直流电压。因此,PLL 电路作为电压-频率转换的工作电路,就变成为 FM 信号的解调电路。

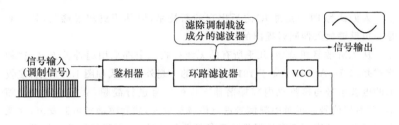

图 1.16 频率-电压转换电路(FM 解调电路)

另外,被解调信号的上限频率由 PLL 电路的环路滤波器决定。当环路滤波器的时间常数较小时,解调信号频率可以达到高频,但剩余很多载波的纹波成分。解调之后若再用滤波器滤除载波,由于该滤波器位于 PLL 环路之外,因此,不影响 PLL 环路的稳定性。

1.4.3 电动机的转速控制电路

在图 1.17 中增设了一些制动功能,这是用 PLL 电路控制电唱机转盘转动的实例。由于将电动机及其转速变换为脉冲的编码器替代了 PLL 电路的 VCO 部分,因此,可用晶体振子的精度确保电动机的转速。

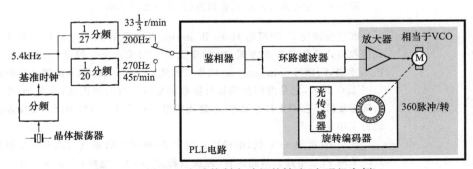

图 1.17 用 PLL 电路控制电动机的转速(电唱机实例)

但是,电动机存在有机械时间常数。为此,使用电动机的 PLL 整体电路除了环形滤波器部分以外变成二次延迟要素,要用环路滤波器对此进行补偿,这样就需要采取措施在环路滤波器中增设超前时间常数。

 专 栏

PLL 电路的发明者 Bellescize

人们认为 PLL 是继 IC 之后出现的新技术,但其历史却很悠久,其方案是与负反馈放大器同时提出的。

从 AM 收音机开始,几乎所有的无线接收机中都采用超外差方式,这种方式是 E. H. Armstrong 于 1918 年发明的。超外差方式如图 1.B 所示,接收来的电波信号与接收机内部振荡器产生的信号进行混频,从而得到较低频率,即中频信号。再对中频信号进行检波与放大,然后驱动扬声器发声,这就构成了高灵敏度而频率选择性优良的接收机。然而,由于超外差接收机是由本振、混频、中频放大器、检波器等组成的,其构成很复杂。而且,本振需要使用频率漂移非常小的振荡器。

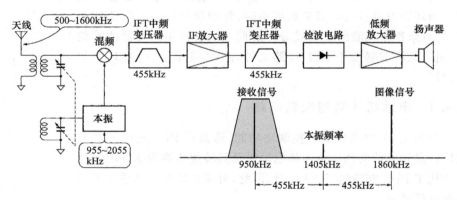

图 1. B 超外差方式的构成框图(AM 收音机实例)

在这种情况下,法国的 H. de Bellescize 提出采用 PLL 电路作为新的无线接收方式替代超外差方式,1932 年发表了相关论文。但是,当时不使用 PLL 术语,而称为 Synchrodyne(同步接收机)。Bellescize 提出的同步接收机如图 1.C 所示,它是内部振荡器与接收的电波信号同步振荡,为此,原理上内部振荡器不会产生频率漂移,电路构成也比较简单。可惜当时同步接收机没有实用化。

到了 20 世纪 50 年代,电视机实用化了,电视机的垂直与水平同步电路广泛采用 PLL 电路。然而,当时还没有称之为 PLL 电路,而是根据其功能称为 AFC(Automatic Frequency Control,自动频率控制)。其后,直到盛行使用计算机时,才有效使用 PLL 电路作为数字数据解调器。

到了 20 世纪 70 年代,民用频段的无线电收发报机非常紧俏,作为无线电收发报机的本振采用了 PLL 电路,并开发了很多 PLL 集成电路。这时,PLL 电路的名称对于电子技术人员来说是常识性的问题。

目前,随着 PLL 电路的高集成度化与低价格化,电视机中不采用同步调整电位器,而采用了 PLL 电路。这样,无须进行调整,调谐器的本振也 PLL 化了,从而变成了数字选择频道的方式。而且,随着 PLL 电路性能与功能的显著提高与增多,当然在移动电话中也可以使用 PLL 电路。

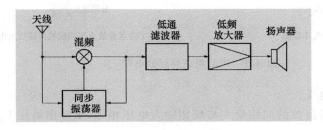

图 1. C　最初发明的同步接收机

附录 A　PLL 电路中负反馈的应用

A. 1　PLL 电路与运算放大器电路的异同

1. PLL 电路与运算放大器电路相似之处

图 A.1 所示为 PLL 电路与运算放大器(简称运放)电路。图 A.1(a)所示为 PLL 电路,在 PLL 电路中,鉴相器将输入波形的相位与分频器输出波形的相位进行比较,使其两个波形相位同步,从而控制 VCO 的频率。若加在鉴相器的两个波形的相位相同,则 VCO 的输出频率为:

$$f_{out} = f_{in} \times N$$

式中,N 为分频比的倒数。

图 A.1(b)示出运放电路。运放的开环增益 A_O 非常大,其输出电压为几伏[特],因此,正常工作时,同相输入(V_{in})与反相输入(V_n)的电位差 $V_{di} = V_{out}/A_O$ 非常小。也就是说,对于运放电路,同相输入电压(V_{in})与反相输入电压(V_n)相等,从而实现控制功能,反相输入电压(V_n)是输出电压(V_{out})经 R_1 和 R_2 分压电阻分

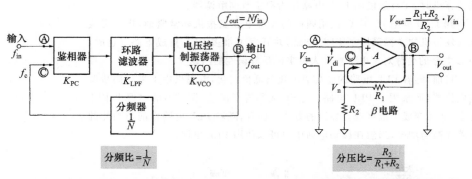

(a) PLL 电路的基本框图 (b) 运算放大器构成的同相放大电路

图 A.1 PLL 电路与运放电路

得的电压。

　　若运放的同相输入与反相输入电压相等,则输出电压 V_{out} 为:

$$V_{out} = V_{in} \times \frac{R_1 + R_2}{R_2}$$

式中,$(R_1 + R_2)/R_2$ 为分压比的倒数。

　　因此,对于以上两种电路,都是利用输入两个相等值,从而进行自动控制,也就是分压器或分频器的输出值与输入值之比为任意值,从而对电路的输出进行控制。在电子电路中称这种控制为负反馈(negative feedback)。

　　2. PLL 电路与运算放大器电路不同之处

　　图 A.2 表示 PLL 电路与运放电路的开环与闭环特性。它是图 A.1 所示的 PLL 电路与运放电路各自在 C 点断开而除掉负反馈时,A 至 B 的传输特性,即增益/相位-频率特性(开环特性, Open Loop Gain);将 C 点接上时,A 至 B 的传输特性(闭环特性, Closed Loop Gain),对这两种情况下的特性通过电路仿真进行比较。

　　将两者比较时要注意不同之处:其一,对于运放电路,频率低端增益高而且恒定不变;对于 PLL 电路,开环增益向着频率低端无限地增大。其二,对于 PLL 电路,在开环与闭环增益的交叉点 $|A_0 \cdot \beta|$ 处,开环增益出现弯曲。

　　这两点不同的原因在于,运放电路是对所有的电压进行控制;PLL 电路是将输入信号的相位进行比较,从而对输出频率进行控制,即对相位与频率的两种不同量进行操作。这是设计 PLL 电路

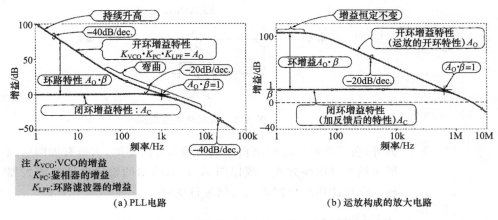

（a）PLL电路　　　　　　　　　　（b）运放构成的放大电路

图 A. 2　PLL 电路与运放电路的开环与闭环特性

的关键问题。

　　PLL 电路与运放电路都同样采用负反馈技术。对于运放电路，施加负反馈使其不出现振荡等故障，集成电路生产厂家的设计人员预先设计好其内部频率特性；而对于 PLL 电路，频率特性一定由设计者本人进行设计。也就是说，为了正确设计 PLL 电路，要更好地理解运放中的负反馈理论，因此，一定要掌握频率特性设计的有关技术。

A. 2　放大电路中学习的负反馈方式与特性

1. 概述

　　负反馈的最初设想是应用于电话线中的高保真度放大器，这是 Harold Stephen Black 于 1927 年发明的，并取得了专利。其后，贝尔研究所的 Hendrik W. Bode 对负反馈进行了进一步的研究，并于 1945 年出版了"Network Analysisand Feedback Amplifier Design（网络分析与反馈放大器的设计）"，从此负反馈的理论就确立了。

　　负反馈（如图 A. 3 所示）是将输出信号的一部分返回到输入端，将其与输入信号之差值进行放大，从而减小放大器失真的一种技术。也就是说，负反馈放大器由放大电路与 β 电路这两部分组成。

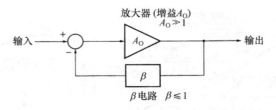

图 A. 3 负反馈电路框图

另外,负反馈放大器根据负反馈的接入方法不同,大致有如图 A. 4 所示的四种电路方式。现以图 A. 4(a)所示的输出电压与放大器输入电压的串联反馈方式为例进行说明。

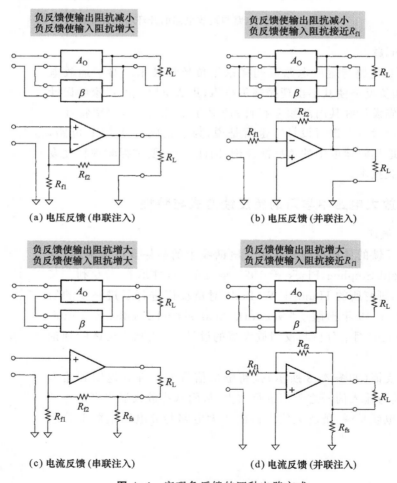

图 A. 4 实现负反馈的四种电路方式

图 A.5 表示的是改进的负反馈电路,电路中所示的各种信号如下式所示。

$$e = e_i - \beta \cdot e_o \qquad (A.1)$$

$$e \cdot A_0 = e_o \qquad (A.2)$$

根据式(A.1)和式(A.2),求出输出电压 e_o 为:

$$e_o = \frac{A_0}{1 + A_0 \cdot \beta} \times e_i \qquad (A.3)$$

若 $A_0 \cdot \beta$ 为无限大,可以导出式(A.4)

$$e_o = \frac{e_i}{\beta} \qquad (A.4)$$

因此,放大器的开环增益 A_0 非常大,但由于施加了负反馈,放大电路的增益不是 A_0,而是由反馈系数 β 决定。

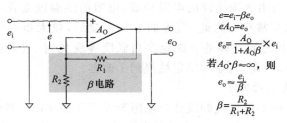

$$e = e_i - \beta e_o$$
$$e A_0 = e_o$$
$$e_o = \frac{A_0}{1 + A_0 \beta} \times e_i$$
若 $A_0 \cdot \beta \approx \infty$,则
$$e_o \approx \frac{e_i}{\beta}$$
$$\beta = \frac{R_2}{R_1 + R_2}$$

图 A.5 运放的负反馈电路

放大器的增益–频率的平坦特性不可能无限延长,频率高端的增益一定降低。图 A.6 所示为未加负反馈时开环增益 A_0(Open

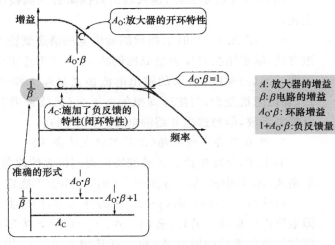

A: 放大器的增益
β: β 电路的增益
$A_0 \cdot \beta$: 环路增益
$1 + A_0 \cdot \beta$: 负反馈量

图 A.6 开环特性与闭环特性

Loop Gain)与施加负反馈之后的闭环增益 A_C(Closed Loop Gain)的曲线。根据式(A.3),开环增益按照 $1/(1+A_0 \cdot \beta)$ 减小。这里,$1+A_0 \cdot \beta$ 称为负反馈量,$A_0 \cdot \beta$ 称为环增益。$A_0 \cdot \beta$ 非常大时,增益 A_C 由 β 决定。

这样,由于施加了负反馈,使得放大器的增益降低了,但特性的平坦部分被拓宽了,增益-频率特性得到了改善。

2. 负反馈对电路特性的改善

当在放大电路中施加负反馈时,不仅可以拓宽增益-频率特性,而且下述的一些特性也可以得到改善。

▶ 增益的稳定性

放大器的开环增益 A_0 一般是由晶体管等半导体器件决定的。而半导体器件的特性容易随环境温度而变化。另外,反馈电路的 β 一般由无源元件的电阻构成,电阻值随温度变化与半导体器件相比非常小。为此,当施加了负反馈后,放大器的增益不是 A_0,而是由稳定性高的 β 决定。当温度等变化时,放大器的增益变化较小,因此,增益的稳定性得到了改善。

▶ 失真的减小

半导体器件增益的线性与电阻等无源元件相比一般较差。对于负反馈电路,增益由 β 电路的电阻决定,因此,可以构成失真小、保真度高的放大器。

▶ 输入输出阻抗的变化

如图 A.4 所示那样,输入输出阻抗随负反馈接法不同而发生变化。

对于图 A.4(a)和(b)所示的输出电压馈送到输入端的电压反馈方式,输出阻抗与反馈量成比例减小,更接近理想的电压源。对于图 A.4(c)和(d)所示的输出电流馈送到输入端的电流反馈方式,输出阻抗变大,更接近理想的电流源(运放种类中有称为电流反馈型运放,但与这里介绍的电流反馈不同)。

3. 负反馈存在的问题(工作不稳定的条件)

如上述,负反馈使放大器的特性得到极大的改善,但惟一的问题是式(A.3)中的 $A_0 \cdot \beta$ 接近 -1 时,工作会不稳定。

由式(A.3)可知,若 $(1+A_0 \cdot \beta)$ 变为零,则增益变为无限大,即电路产生振荡。另外,若 $(1+A_0 \cdot \beta)$ 即使不为零而小于 1 时,施加了负反馈后的增益 A_C 也比开环增益 A_0 大,增益-频率特性中出现了峰值。

也就是说，$(1+A_0 \cdot \beta) > 1$ 时为负反馈，若 $(1+A_0 \cdot \beta) < 1$，施加负反馈之后的增益 A_0 比未加反馈时的开环增益 A_0 大，即变成了正反馈。

放大器的增益 A_0 对于频率不是恒定值，其值随着频率增高而减小。另外交流放大器（电容耦合等情况）增益随着频率降低而减小。也就是说 A_0 不是常数，而是随频率变化的量，即为频率的函数，然而，增益 A_0 还包含相位特性，因此 A_0 变成复数。

4. 负反馈形式的仿真

运放等放大器是由很多半导体器件与电阻、电容等组成，其频率特性非常复杂。这里作为实例，用电阻与电容表示决定频率特性的因素，在这两个因素下，对负反馈形式进行仿真。

图 A.7(a) 所示为用于仿真的电路，图中上面电路没有施加负反馈，下面电路施加了负反馈。由于这是电路仿真特有的电路图，也许难以看懂，但方框 E 是仿真时频繁使用的部件，称为压控电压源。只是以设定的增益将 E 输入端加的电压进行放大，并输出放大的电压。这时输入阻抗为无限大，输出阻抗为零，而频率特性到无限大频率都为平坦特性的理想放大器件，而且输出与输入为隔离状态。

图 A.7(a) 中，E_1 的增益为 1 000 000，E_2 的增益为 1。E_2 用作缓冲器，它不受来自 R_{p1}，C_{p1} 与 R_{p2}，C_{p2} 的影响。R_{p1}，C_{p1} 构成的截止频率为 10Hz，R_{p2}，C_{p2} 构成的截止频率为 10kHz，这样来选择其元件参数。使用仿真器对该电路中决定负反馈量 R_2 的阻值按照 9k→30.6k→99k→315k→999k→3159k→9999k 的变化进行仿真（称为变量分析）。

图 A.7(b) 为频率特性的仿真结果，由此可见，增益为 80dB 时，增益-频率特性中没有出现峰值，而增益为 20dB 时，在高端截止频率附近出现了峰值。根据式 (A.3) 可以预测，$|A_0 \cdot \beta| = 1$ 附近的相位特性非常重要。

若读取施加负反馈之前，增益为 80dB 时开环增益与 80dB 相交的 $|A_0 \cdot \beta| = 1$ 点，以及增益为 20dB 时，开环增益与 20dB 相交的 $|A_0 \cdot \beta| = 1$ 点的相位，则分别约为 $-95°$ 和 $-174°$。由此可见，施加负反馈之前，$|A_0 \cdot \beta| = 1$ 之点的相位越滞后，频率特性中越容易出现峰值。

若在施加负反馈之前，在 $|A_0 \cdot \beta| = 1$ 的频率处相位滞后

$-180°$,则有 $A_O \cdot \beta = -1$,这时负反馈放大器产生振荡。

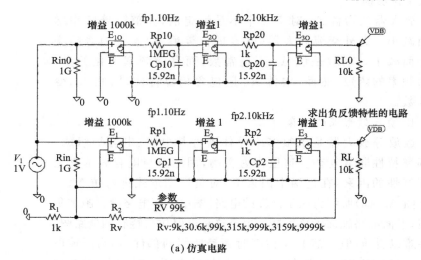

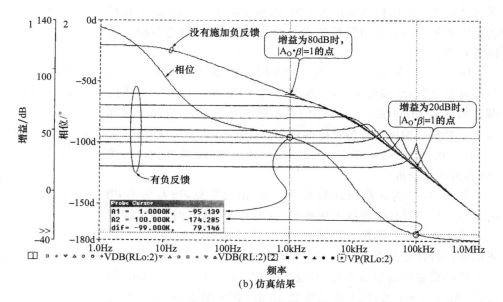

(b) 仿真结果

图 A. 7 负反馈电路的增益-频率特性

5. 在 A. β 复平面上观察增益-频率特性的峰值

根据图 A. 7 的仿真结果可知,$|A_O \cdot \beta| = 1$ 时,在相位滞后的

情况下,增益-频率特性中会出现峰值。那么,相位滞后多少时,频率特性中才会出现峰值呢? 现用图表示 $A_0 \cdot \beta$ 来加以说明。

$A_0 \cdot \beta$ 为复数,可用图 A.8 所示的 X 轴为实数,Y 轴为虚数的复平面来表示。例如,在 $A_0 \cdot \beta$ 为 3 处,相位滞后 45°时,变为 a 点。在 $A_0 \cdot \beta$ 平面上将 $|1 + A_0 \cdot \beta| = 1$ 的点连接起来则变成 b 圆。由于 $|1 + A_0 \cdot \beta| < 1$,因此,这个 b 圆内部变成正反馈区域,该区域内施加负反馈之后的增益比施加负反馈之前时大。若将判断相位滞后的 $|A_0 \cdot \beta|$ 为 1 的点连接起来,则变成 c 圆。

在 $|A_0 \cdot \beta| = 1$ 频率处,施加负反馈之后的增益(闭环增益)不大于施加负反馈之前增益(开环增益)的分界点是 $|1 + A_0 \cdot \beta| = 1$ 的圆与 $|A_0 \cdot \beta| = 1$ 的圆的交点 F 或 G。D,E,F 之点各自位于半径为 1 的圆周上,因此,三角形 DEF 为等边三角形,角 DEF 为 60°。

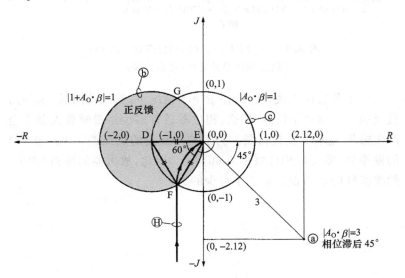

图 A.8 正负反馈与 Aβ 平面

也就是说,若 $|A_0 \cdot \beta| = 1$ 的点的相位滞后在 120°以内,这时即使施加了负反馈,在 $|A_0 \cdot \beta| = 1$ 频率处也不会出现峰值。但是,$|A_0 \cdot \beta| = 1$ 的频率处,相位滞后正好为 120°时,在 $|A_0 \cdot \beta| = 1$ 以下的频率处,增益出现一些鼓包。

图 A.9 表示在频率 1MHz 时变为 $|A_0 \cdot \beta| = 1$,在该点相位滞后正好为 120°的负反馈放大器的仿真结果。施加负反馈之后增益特性在 1MHz 之前大致为平坦特性,而超过 1MHz 时进入

|1＋Aβ|＝1的圆内,因此,施加负反馈之后增益变大。若用图 A.8 的 $A_O \cdot \beta$ 平面来表示图 A.9 的 $A_O \cdot \beta$,则可描绘出轨迹 H。

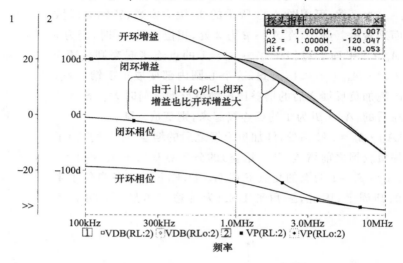

图 A.9 f＝1MHz,Aβ＝1,相位滞后－120°时
负反馈回路的特性(仿真结果)

对于负反馈来说,在 $|A_O \cdot \beta|＝1$ 情况下,当相位滞后 180°时, 负反馈放大器产生振荡,那么,相位滞后有多少裕量时放大器不会 产生振荡,这称为相位裕量。为了施加稳定的负反馈,$|A_O \cdot \beta|＝1$ 的频率处,需要的相位裕量为 60°以上,因此,放大器的增益/相位- 频率特性的适当设计是必不可少的。

第 2 章
PLL 电路的传输特性
（PLL 电路的特性由环路滤波器决定）

设计 PLL 电路时，将其深刻理解为负反馈电路这点非常重要。本章介绍 PLL 电路的传输特性，以及决定 PLL 特性的环路滤波器的基础知识。

2.1 PLL 电路传输特性的理解

2.1.1 PLL 电路各部分的传输特性

第 1 章已经介绍了 PLL 电路中负反馈技术的应用。由于是负反馈技术，因此，为了学习正确的设计方法，从理解传输特性着手更加容易。

首先，要明确 PLL 电路各框图的增益/相位-频率特性，即传输特性，从未施加负反馈的 PLL 电路的整体传输特性（开环特性）开始研究。PLL 电路由图 2.1 所示的四个框图构成。

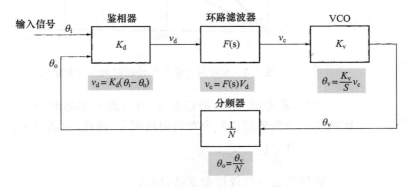

图 2.1 PLL 电路的基本构成

鉴相器是将输入信号的相位 θ_i 与分频器输出信号的相位 θ_o 进行比较,并输出电压 v_d。若鉴相器的增益为 K_d,则有

$$v_d = K_d(\theta_i - \theta_o)$$

这时,鉴相器增益 K_d 的单位为 V/rad。

鉴相器输出信号中含有相位比较频率中纹波(参见第 1 章照片 1.1(a))。另外,为了得到 VCO 输出的寄生成分小而优质的信号,需要纹波小的输入直流信号。为此,VCO 前面要接入称为环路滤波器的低通滤波器。

若该环路滤波器的传输特性为 $F(s)$,则其输出电压(即 VCO 的输入电压)v_c 为:

$$v_c = F(s)v_d$$

由于 VCO 输出的振荡频率与输入直流电压成比例,因此,输出频率 f_v 为:

$$f_v = K_v v_d$$

这时 VCO 增益 K_v 的单位为 rad/s。其后,鉴相器当然不是对频率而是对相位进行比较。

图 2.2 表示相位对于 1kHz 与 2kHz 频率信号所经历时间的变化情况。由图可知,相位变化的斜率为频率,即相位的微分就是频率,而对频率的积分就变为相位。

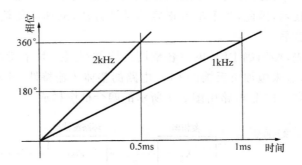

图 2.2 相位对于信号所经历时间的变化情况

因此,若考虑 VCO 的输出为相位,则频率随时间变化的正弦波的相位角为瞬时角频率对时间的积分,因此,可表示为:

$$\frac{\mathrm{d}\theta_v(t)}{\mathrm{d}t} = \Delta\omega = K_v \cdot v_c(t)$$

若将此进行拉普拉斯变换,则有

$$s\theta_v(s) = K_v \cdot v_c(s)$$

$$\theta_{\mathrm{v}}(s) = \frac{K_{\mathrm{v}} \cdot v_{\mathrm{c}}(s)}{s}$$

对于分频器来说，与频率相应的相位也为 $1/N$，则有

$$\theta_{\mathrm{o}} = \frac{\theta_{\mathrm{v}}}{N}$$

这样在 PLL 电路中，由于是对控制频率的 VCO 输出信号的相位进行比较，因此，整体上为积分特性而产生一次滞后，即相位滞后 90°。也就是说，构成 PLL 电路的鉴相器、VCO、分频器等三部分的合成频率特性如图 2.3 所示。

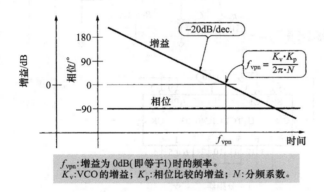

f_{vpn}：增益为 0dB（即等于1）时的频率。
K_{v}：VCO 的增益；K_{p}：相位比较的增益；N：分频系数。

图 2.3 鉴相器-VCO-分频器的合成增益与相位的频率特性

这样，对于鉴相器、VCO、分频器等 90°滞后特性的电路，再与有相位滞后的环路滤波器进行组合，则总的相位滞后接近 180°。若增益满足振荡条件，则 PLL 电路工作变为不稳定的状态。

因此，当设计 PLL 电路时，首先，除环路滤波器以外，应求出鉴相器、VCO、分频器等的频率特性。其后，对于这种频率特性，设计稳定的环路滤波器的频率特性，并计算出环路滤波器的常数。

2.1.2 简单例题（时钟的 50 倍频电路）

图 2.4 是 PLL 电路最简单的应用，即倍频电路。输入 1kHz 的时钟，而得到输出 50kHz 时钟。现试求该电路的传输特性。

在该电路中，U_1（MC74HC4046AN）是内有鉴相器与 VCO 的 PLL 用 IC（详细情况在 4.1 节中介绍），U_2（TC74HC40103）是可编程分频器。该电路的分频系数设定为 $1/50$。R_1，R_2，C_1，C_2 等

构成的电路是关键的环路滤波器。环路滤波器常数的详细计算方法在 2.2 节中介绍。

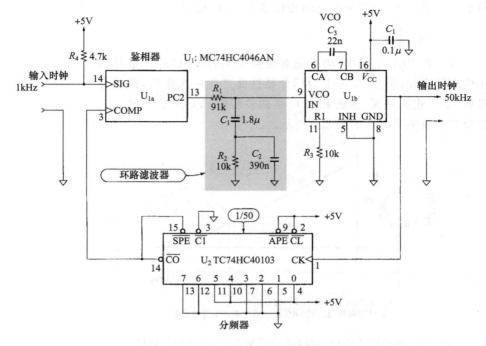

图 2.4 输入时钟频率 50 倍的 PLL 电路

输入时钟加到鉴相器的输入 14 脚, 它与加到 3 脚的分频器输出信号进行比较, 而 13 脚输出是其比较的相位差。13 脚输出为比较频率的脉冲信号, 其脉冲宽度等于相位差。

由 RC 构成的环路滤波器将相位比较的脉冲信号变换为纹波小的直流信号, 并加到 VCO 的输入端。VCO 根据输入直流电压的大小改变振荡频率, 而且, VCO 振荡时钟的输出加到分频器 U_2 的输入 1 脚, 经过 50 分频后从其 14 脚输出。

该电路施加输入信号并经过一定时间后, 鉴相器的两个输入信号的相位差变为零, 同样, 频率也当然变为零。然而, VCO 的输出频率经过分频器将其频率变为 1/50, 因此, 正好在输入时钟 (U_{1a} 的 14 脚) 频率的 50 倍时进行锁相, 振荡器以 50 倍频输出的时钟频率进行振荡。

2.1.3　传输特性的求法(除环路滤波器特性以外)

在图 2.4 中,首先,除环路滤波器特性以外,求出鉴相器、VCO 和分频器的传输特性。图 2.5 所示为鉴相器的输入输出特性图。输入相位在 -2π 到 $+2\pi$ 之间,输出电压在 $0\sim+5$V 之间变化,因此,鉴相器的增益 K_d 可由下式求出。

$$K_d = \frac{5}{4\pi} \approx 0.398(\text{V/rad})$$

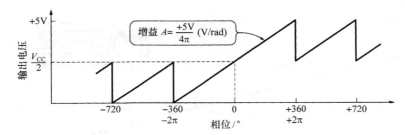

图 2.5　鉴相器的输入输出特性

图 2.6 是使用的 IC(MC74HC4046AN)内有 VCO 的输入输出特性图(实测值),其中心频率为 50kHz,输入电压为 $1.5\sim2.5$V,振荡频率在 $37.53\sim58.25$kHz 之间变化。因此,VCO 的增益 K_v 为:

$$K_v = \frac{(58.25-37.53)2\pi}{2.5-1.5} \approx 130.2(\text{krad/s} \cdot \text{V})$$

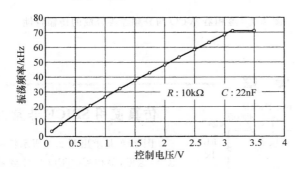

图 2.6　MC74HC4046AN 的控制电压-振荡频率特性
($R=10$kΩ,$C=22$nF)

鉴相器、VCO 与分频器组合的合成传输特性为:

$$\frac{K_{\mathrm{d}} \cdot K_{\mathrm{v}}}{N} = \frac{130.2\mathrm{k} \times 0.398}{50} \approx 1.036(\mathrm{krad/s})$$

若单位变换为 Hz,则传输特性 f_{vpn} 变为:

$$f_{\mathrm{vpn}} = \frac{K_{\mathrm{d}} \cdot K_{\mathrm{v}}}{N \cdot 2\pi} = \frac{130.2\mathrm{k} \times 0.398}{50 \times 2\pi} \approx 165(\mathrm{Hz})$$

根据此结果,鉴相器、VCO 与分频器等合成的传输特性 f_{vpn} 如图 2.7 所示,由图可知,它是 165Hz 为 0dB,斜率为 $-20\mathrm{dB/dec.}$ 的直线,并具有相位滞后 90° 的相位特性。

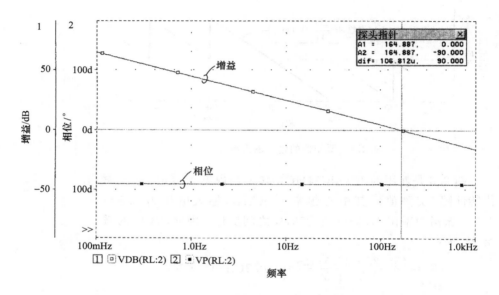

图 2.7 鉴相器、VCO 与分频器等合成的传输特性

━━━━ **专 栏** ━━━━

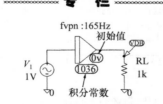

图 2.A 求出 f_{vpn} 的仿真电路

仿真使用 SPICE 非常方便

图 2.A 是求出图 2.7 所示特性的仿真电路,这里,鉴相器、VCO 与分频器等看成一个积分器(INTEG)模型。积分常数设定为 $f_{\mathrm{vpn}} \times 2\pi$。本书使用 SPICE 为 PSpicever.8 评价版。

2.1.4　使用的环路滤波器的特性与 PLL 电路的传输特性

用仿真器求出图 2.4 所示的 50 倍频电路中使用的环路滤波器的特性,其特性如图 2.8(a)所示。1kHz 时衰减特性为 45.271dB,因此,除去比较频率中纹波能力约为 45dB。另外,用该滤波器在 16.5Hz 附近使相位返回,而这种相位返回特性对 PLL 环路的稳定性起着很大作用。

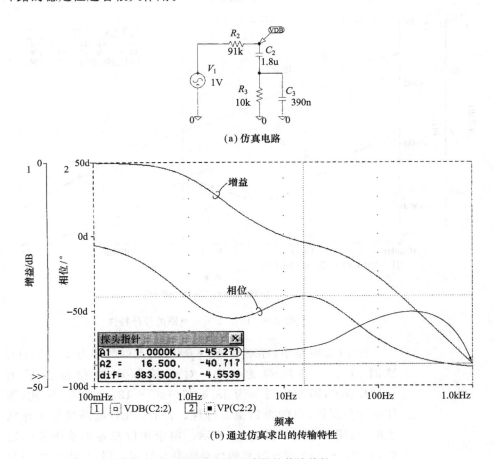

(a) 仿真电路

(b) 通过仿真求出的传输特性

图 2.8　图 2.4 所示电路的环路滤波器的传输特性

在无环路滤波器时,频率特性(分别如图 2.8 和图 2.7 所示)的合成特性如图 2.9 所示。这是图 2.4 所示 PLL 电路的输入到分频器输出的合成特性,相当于运放的开环特性。

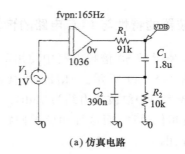

（a）仿真电路

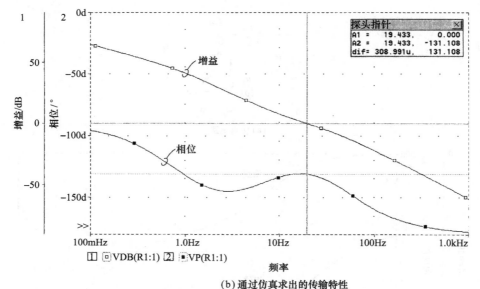

（b）通过仿真求出的传输特性

图 2.9 图 2.4 所示电路的开环特性

在 PLL 电路中，环增益 $A_0 \cdot \beta = 1$ 的点的频率为 $19.433\,\mathrm{Hz}$，这时图 2.9 的增益为 0dB。对于该频率的相位滞后为 $-131.108°$，即相位裕量为 $48.892°（180° - 131.108°）$。因此，即使施加负反馈，也能得到稳定特性。而且，PLL 电路处于工作状态时，其闭环特性如图 2.10 所示。由于相位裕量稍小于 $60°$，因此，在 $A_0 \cdot \beta = 1$ 附近看到的增益稍有些鼓包。然而，PLL 电路与放大电路不同，从锁相速度看来，这种相位裕量是最佳设计。有关相位裕量的详细情况请参照 2.2 节中说明。

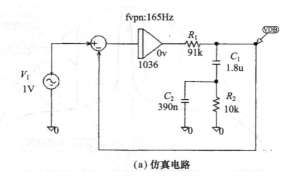

(a) 仿真电路

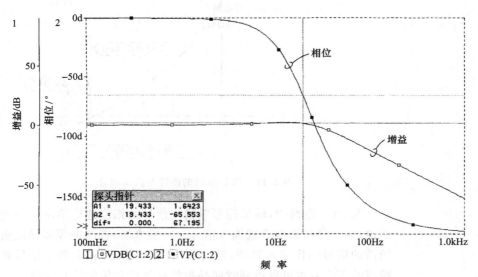

(b) 通过仿真求出的增益-频率特性

图 2.10 图 2.4 所示电路的闭环特性

2.1.5 PLL 电路中施加负反馈的效果

正如附录 A 介绍的那样,若在放大器中施加负反馈,则增益的稳定性与负反馈量成正比例地提高,而失真量与负反馈量成正比例地减小。PLL 电路的负反馈量与输出波形频谱改善之间的关系如图 2.11 所示。

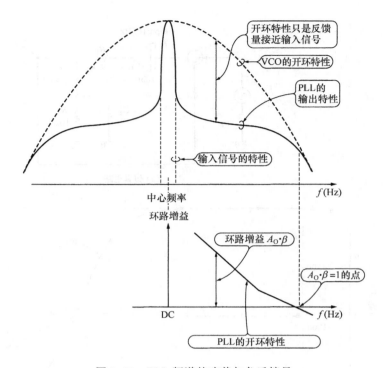

图 2.11 PLL 频谱的改善与负反馈量

在 PLL 电路中,输出信号对输入信号的相位进行锁定。换句话说,输出信号忠实重现输入信号。一般来说,若晶振等那样优质频谱的信号用作输入时钟,即使采用(开环状态)输出频谱信号有噪声的 VCO,也可以得到犹如晶振那样优质频谱的信号输出。

这时,VCO 输出能否忠实重现输入信号频谱的关键是 PLL 电路的 $A_O \cdot \beta$(环路增益),也就是说,图 2.7 中环路增益越大,输出信号的频谱越接近输入信号的频谱。

对于 PLL 电路,若电路规格已经确定了,则鉴相器、VCO 与分频器的规格/特性一般由使用的器件(PLL IC)决定。设计人员能自由确定的参数仅是环路滤波器。然而,对于环路滤波器,为了设计较大的 $A_O \cdot \beta$,环路滤波器的截止频率就要设计得较高。

环路滤波器的重要任务是除去鉴相器输出比较频率中的寄生成分。若环路滤波器的截止频率很高,则除去比较频率中寄生成分的能力就会降低。换句话说,环路滤波器的截止频率设计较高,输出频谱中就会产生大量的比较频率中的寄生成分。

这样,改善输出频谱与比较频率中寄生成分为折衷的关系,根据设计产品的规格选择最佳值。

另一方面,环路滤波器的截止频率越高,PLL 电路的锁相时间,即输入频率发生变化到整定 VCO 输出的时间越快。若锁相时间加快,则除去比较频率中纹波的衰减特性变坏,寄生成分增大。加快锁相时间与比较频率中寄生成分的衰减也是折衷关系。

PLL 电路有各种各样的应用。由于输入频率总是在变化,因此,有时 PLL 电路的输出频率是对输入频率的平均值进行锁定(数字数据构成的时钟重现)。这时,环路滤波器的截止频率较低,有意变慢锁相速度。而输出波形的频谱由 VCO 的开环特性所支配。

2.2 环路滤波器设计的基础知识

2.2.1 RC 低通滤波器的特性

PLL 电路的环路滤波器只让控制 VCO 振荡频率的直流通过,因此,要使用低通滤波器除去比较频率中交流纹波成分。

另外,在 PLL 电路中使用负反馈技术,因此,为要构成稳定的 PLL 电路,这时相位裕量非常重要。然而,鉴相器、VCO 与分频器等的功能以及使用的器件本身决定频率特性,设计人员一般不能改变这些频率特性。

因此,PLL 电路的设计人员先要求出鉴相器、VCO 与分频器等的频率特性,并将这些频率特性与环路滤波器的频率特性进行合成,根据合成的频率特性构成稳定的负反馈电路,这样来设计环路滤波器的常数。为了进行稳定的负反馈电路的设计,首先,需要了解 RC 电路的增益/相位-频率特性。

图 2.12 是最简单的一级 RC 低通滤波器。其电路的增益/相位-频率特性根据以下表达式求出。

$$T(j\omega) = \frac{V_o}{V_i} = \frac{\dfrac{1}{j\omega C}}{R + \dfrac{1}{j\omega C}} = \frac{1}{1 + j\omega CR}$$

$$= \frac{1}{1 + (\omega CR)^2} - j\,\frac{\omega CR}{1 + (\omega CR)^2} \qquad (2.1)$$

$$|T| = \sqrt{\left(\frac{1}{1 + (\omega CR)^2}\right)^2 + \left(\frac{\omega CR}{1 + (\omega CR)^2}\right)^2}$$

$$= \frac{1}{\sqrt{1 + (\omega CR)^2}} \qquad (2.2)$$

输入输出的相位差 θ 为:

$$\theta = -\tan^{-1} \omega RC \qquad (2.3)$$

截止频率为 $\omega = 1/(RC)$,求出各自参数如下。

$$|T_c| = \frac{1}{\sqrt{2}} \approx -3(\mathrm{dB})$$

$$\theta_c = -\tan^{-1} 1 = -45°$$

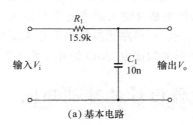

(a) 基本电路

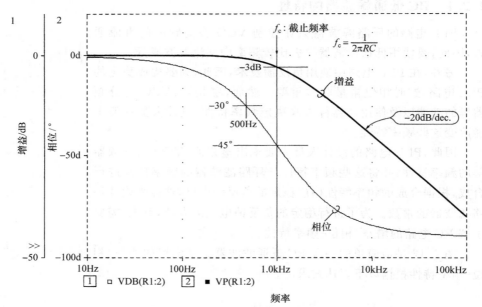

(b) 增益/相位-频率特性的伯德图

图 2.12 一级 RC 低通滤波器的特性

式(2.1)是一级 RC 低通滤波器的传递函数,它是含有 j 的复数表达式。输出信号的振幅用式(2.2)表示,当 $\omega = 1/(RC)$ 时,振幅为 $1/\sqrt{2} \approx -3\mathrm{dB}$。这时的频率称为截止频率。

用曲线表示这种低通滤波器的增益/相位-频率特性如图

2.12(b)所示。这样,用一组曲线表示增益-相位的图称为伯德图,这是用确立负反馈理论的伯德的名字命名的。

这样,对于一级 RC 低通滤波器,截止频率处的增益为－3dB,在高于此频率的高端,增益以无限接近－20dB/dec. 的斜率衰减。而且,相位滞后在截止频率一半处为 30°,截止频率处为 45°,在频率高端相位滞后无限地接近 90°。

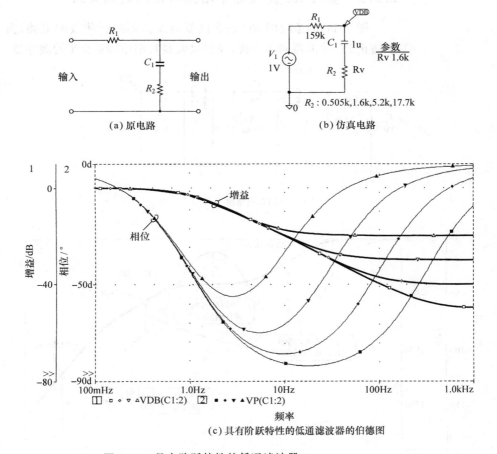

      (a) 原电路   (b) 仿真电路

(c) 具有阶跃特性的低通滤波器的伯德图

图 2.13 具有阶跃特性的低通滤波器

2.2.2 具有阶跃特性的 RC 低通滤波器

图 2.13 是与一级 RC 低通滤波器中电容 C_1 串联电阻 R_2 的电路,这样,增益-频率特性中频率高端的衰减量为恒定平坦特性,称为阶跃响应特性。图 2.13(c)为这种响应特性的伯德图。在频率高

端增益一度出现衰减,而在高频时变为平坦特性(直流时增益为 1,
频率高端增益为 $R_2/(R_1+R_2)$)。这时,频率高端滞后的相位有一
度再返回到 $0°$,而且,相位返回量随阶跃的衰减量不同而异。

对于具有这种阶跃特性的 RC 电路,其相位返回特性在施加
稳定的负反馈时起着重要的作用。

2.2.3 多级 RC 滤波器中增益与相位之间关系

图 2.14(a)是应用 RC 组合的低通滤波器进行仿真的电路,为
了防止 RC 滤波器间的干扰,理想放大器 E 用作增益为 1 的缓冲器。

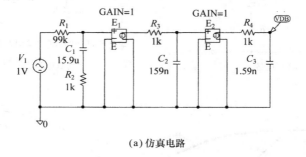

(a) 仿真电路

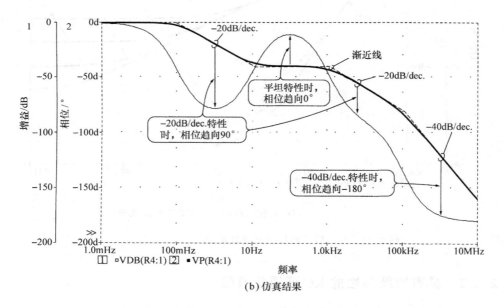

(b) 仿真结果

图 2.14 多级 RC 低通滤波器的特性

图 2.14(b)是仿真结果。由图可知,增益与相位的变化有规

律性。即在增益以 -20dB/dec. 变化的频带内,相位滞后趋向 $90°$,增益变为平坦时相位返回到 $0°$,而在 -40dB/dec. 变化的频带内,相位滞后趋向 $180°$。另外,当 -60dB/dec. 时,相位滞后趋向 $270°$,-80dB/dec 时,相位滞后趋向 $360°$。

与低通滤波器相对应的高通滤波器如图 2.15 所示,相位滞后变为相位超前,其变化趋势一样。

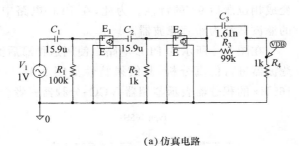

(a) 仿真电路

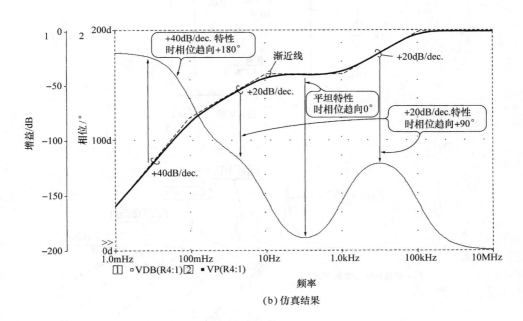

(b) 仿真结果

图 2.15 多级 RC 高通滤波器的特性

对于运放或由晶体管等分立元器件构成的放大器,其内部等效的 RC 也决定着增益/相位–频率特性,为此,具有同样的增益与相位的关系(这种情况不适用于全通滤波器与分布常数等特殊电路)。

增益与相位的变化可描绘成如图 2.14 和图 2.15 所示的平滑

曲线,但描绘这种曲线非常难。而在实际设计时,为了方便起见,多将增益曲线组合成直线,这种直线称为渐近线。

2.2.4 普通的 RC 低通滤波器(使用滞后滤波器时环路特性不稳定)

对于图 2.12 所示的采用 1 级 RC 的低通滤波器,在频率高端变成相位滞后 90°的特性。为此,在 PLL 电路中,将图 2.12 所示的滤波器称为滞后滤波器。

在图 2.4 所示的 PLL 电路中使用这种滞后滤波器,并对这种滤波器进行仿真分析,其结果特性如图 2.16 所示。截止频率为 165Hz 的积分器表示鉴相器-VCO-分频器三者合成的传递函数。

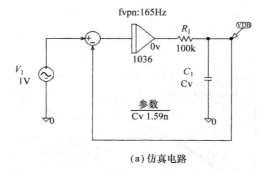

(a) 仿真电路

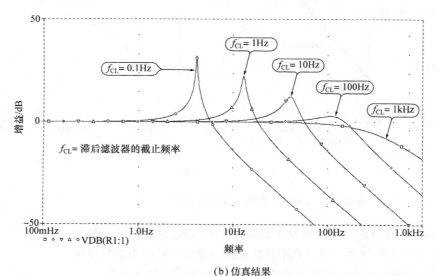

(b) 仿真结果

图 2.16 使用滞后滤波器的 PLL 电路特性

在进行仿真时,滞后滤波器的截止频率设定为 1kHz,100Hz, 10Hz,1Hz,0.1Hz。截止频率为 1kHz,100Hz 时,增益没有出现较大峰值,而低于此频率时出现较大峰值,这表示环路特性不稳定。

使用没有增益峰值的滤波器,即截止频率为 1kHz,100Hz 的环路滤波器,对于比较频率 1kHz 中纹波成分不能得到足够大的衰减。因此,即使环路特性稳定,VCO 输出中也会出现比较频率较大的寄生成分,不能得到高纯正度的输出信号。

照片 2.1 所示为将图 2.4 中的 PLL 电路中环路滤波器改为滞后滤波器,其常数为 $100k\Omega, 0.15\mu F(f_{CL} = 10Hz)$ 时,VCO 的输入电压波形。可以发现这种波形产生较大振荡,即出现较长托尾、锁定时间变长、环路变为不稳定的形式。

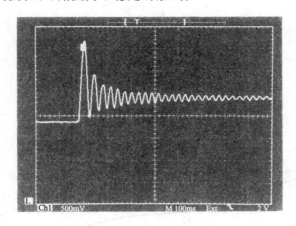

照片 2.1 使用滞后滤波器的 PLL 电路的响应(VCO 的输入电压波形)

这样,若在 PLL 电路中使用滞后滤波器,则可以得到寄生成分较小的输出波形,而且具有稳定的环路特性,这两种特性不是对立的关系。

据以上分析,除特殊情况外,PLL 电路中不使用滞后滤波器。

2.2.5 使 PLL 特性稳定的滞后超前滤波器

图 2.13 所示的阶跃特性的低通滤波器出现一度滞后相位返回,若利用这种相位返回,则可以确保 PLL 电路中负反馈的相位裕量。

在 PLL 电路中经常使用环路滤波器,而图 2.17 所示称为滞后超前滤波器。这是在图 2.13 所示的阶跃特性的低通滤波器中再增设 1 只电容,在频率高端变为平坦特性,其增益再进行衰减,可以滤除比较频率中纹波成分。

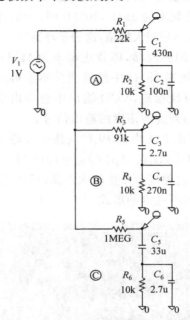

(a) 滞后超前滤波器的仿真电路

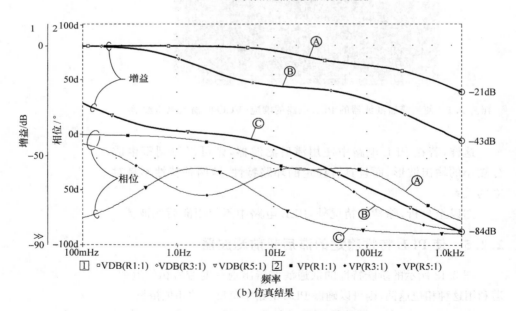

(b) 仿真结果

图 2.17   滞后超前滤波器的特性

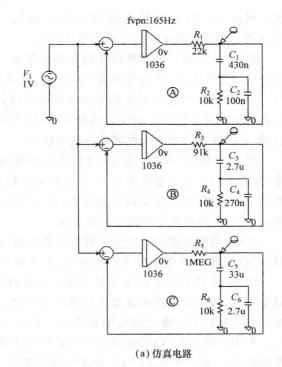

(a) 仿真电路

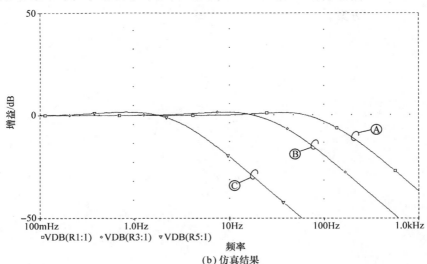

□VDB(R1:1) ◇VDB(R3:1) ▽VDB(R5:1)

频率

(b) 仿真结果

图 2.18 使用滞后超前滤波器的 PLL 电路的特性

图 2.17(b)表示滞后超前滤波器仿真结果的传输特性,在增益平坦部分相位出现一度返回,高于此频率时,相位再次出现滞

后。因此,对 PLL 电路施加稳定的负反馈,该相位返回处在 $A_0 \cdot \beta = 1$ 的点,即在环路断开点设计即可。

图 2.17 是按三组常数设计的环路滤波器。第一组为时间常数小的环路滤波器,比较频率为 1kHz 时,增益为 -21dB;第二组为 -43dB;第三组为时间常数大的环路滤波器,其增益为 -84dB,各自的较大衰减量是不同的。由此可知,较大时间常数的环路滤波器,可以使比较频率中纹波成分变得较少。

图 2.18(a) 是图 2.4 所示 PLL 电路中环路滤波器的仿真电路,滤波器的时间常数按图 2.17 中设计的常数。图 2.18(b) 是仿真的结果,对任何时间常数的滤波器,都没有出现增益峰值,这表明对 PLL 电路可以实现稳定的负反馈。

这样,若环路滤波器使用滞后超前滤波器,则根据使用目的不同,可自由设计 PLL 电路的响应速度,于是可施加稳定的负反馈。

但是,若为了提高 PLL 电路的响应速度而增大环路滤波器的截止频率,则来自环路滤波器比较频率中的交流成分不能得到足够大的衰减,VCO 输出波形中包含的比较频率中的寄生成分增大。若为了减小 VCO 输出波形中比较频率中寄生成分而降低环路滤波器的截止频率,则 PLL 的响应速度变慢,因此,要采取折衷方案。

第 3 章
PLL 电路中环路滤波器的设计方法

（无源/有源环路滤波器的设计实例与验证）

在 PLL 电路中，环路滤波器的设计是决定其特性的重要问题。本章将介绍无源/有源环路滤波器的设计实例，并通过仿真与实际测试来验证其特性。

3.1　无源环路滤波器的设计

在第 2 章已经说明了，PLL 电路中的环路滤波器一定要设计负反馈的相位裕量。然而，除环路滤波器以外，已经有 90°的相位滞后，因此，在 $A\beta = 1$ 的频率情况下，环路滤波器只允许具有 30°～50°的相位滞后。

为此，要能足够滤除来自鉴相器的比较频率中的纹波成分，而且将相位滞后控制在 30°～50°，一般使用滞后超前滤波器。

3.1.1　滞后超前滤波器的伯德图

图 3.1 是 PLL 电路中经常使用的无源滞后超前滤波器的构成，而图 3.1(b)是其伯德图。仔细观察该伯德图可以看到三个拐点（时间常数）f_C, f_L, f_H。偏移三个频率各自几十倍以上时，拐点的实际特性与图中渐近线的增益之差值约为 3dB，该拐点的频率可按照图中给定的计算式进行计算。

然而，在实际的环路滤波器中，很多情况下，三个拐点的频率较接近，用渐近线不能正确地求出其传输特性。为了正确地快速求出传输特性，利用电路仿真器非常方便。

在 f_L 与 f_H 对数的中间频率 f_m 时，相位返回量最大，f_m 可由下式求出。

$$f_m = \sqrt{f_L \times f_H}$$

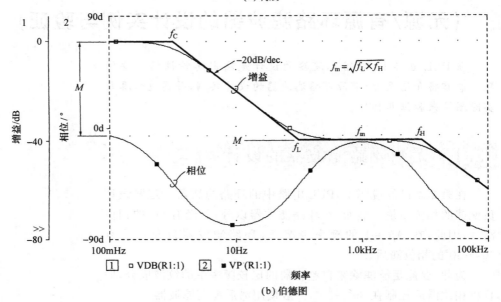

(a) 构成

$$f_C = \frac{1}{2\pi C_1(R_1+R_2)}$$

$$f_L = \frac{1}{2\pi(C_1+C_2)R_2}$$

$$f_H = \frac{1}{2\pi C_2 R_2}$$

$$M = \frac{R_2}{R_1+R_2}$$

$$f_m = \sqrt{f_L \times f_H}$$

(b) 伯德图

图 3.1　无源滞后超前滤波器的特性

在 PLL 电路中,这个相位返回量很重要,f_H/f_L 越大,即 f_L 与 f_H 之间间隔越宽,则相位返回量越大。

图 3.2 表示 f_m 为 1kHz,f_H/f_L 变化时相位返回情况。相位返回量也受到 f_C 与 f_L 间隔的影响,但当 $f_H/f_L \approx 10$ 时,相位返回量约为 60°。下节以实际的数据为例进行说明,一般根据 PLL 电路中的锁相速度、相位噪声、寄生成分等折衷方案,来设计 $|A_O \cdot \beta| = 1$ 时的相位裕量为 40°~50°。这样,比较频率中寄生成分可得到足够大的衰减,设计的 f_L/f_H 频率也比相位比较频率低。

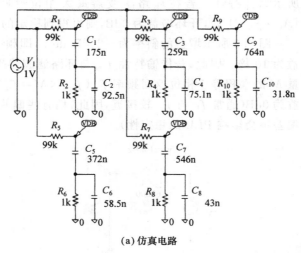

(a) 仿真电路

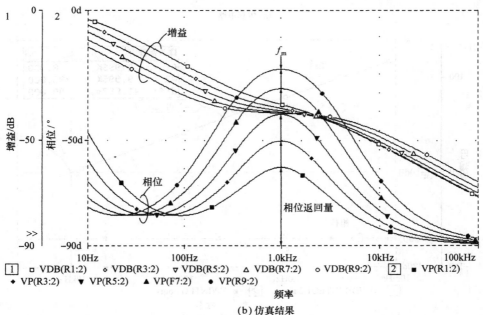

(b) 仿真结果

图 3.2 f_H/f_L 变化时相位返回量

3.1.2 PLL 电路与滞后超前滤波器组合的特性

如 2.3 节中说明的那样,鉴相器、VCO、分频器等合成的传输特性 f_{vpn} 如图 3.3 所示,增益特性为 -20dB/dec.,相位特性为恒定 $-90°$。这种特性与环路滤波器特性(图 3.4)合成可得到图 3.5

所示综合特性。若在环路滤波器最大相位返回的频率 f_m,即 $|A_0 \cdot \beta| = 1$ 处,开环增益为 0dB,则可得到稳定的环路特性。

图 3.3 所示增益的斜率为 -20dB/dec.,即频率为 $1/10$ 处,增益为 10 倍。因此,若传输特性 f_{vpn} 与环路滤波器平坦部分的衰减量 M 的乘积等于相位返回频率 f_m($f_{vpn} \times M = f_m$),则在 f_m 处增益为 0dB(通常 f_L 与 f_H 较接近,因此,稍有些偏差,但这种程度的偏差不会影响 PLL 的稳定性)。

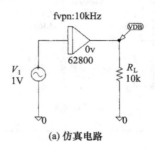

(a) 仿真电路

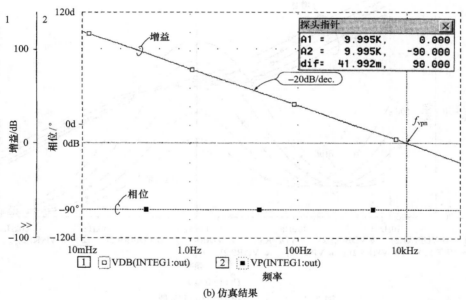

(b) 仿真结果

图 3.3 VCO-鉴相器-分频器的合成传输特性

在图 3.3 至图 3.5 的实例中,由于 $f_{vpn} = 10$kHz,$M = -40$dB,$f_m = 100$Hz,因此,变成 10kHz×0.01=100Hz,在 f_m 相位为最大返回频率处,其综合增益为 0dB。

根据 R_1 和 R_2 的阻值可以自由设计环路滤波器平坦部分的

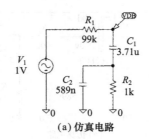

(a) 仿真电路

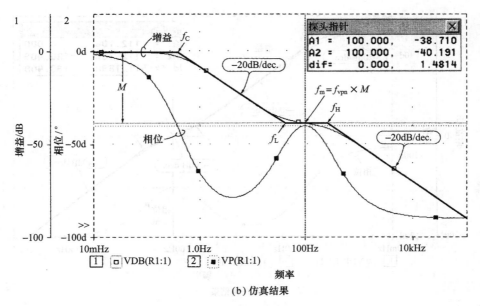

(b) 仿真结果

图 3.4 环路滤波器的传输特性

衰减量 M。因此,先决定鉴相器、VCO、分频器,其增益传输特性 f_{vpn} 也决定了。若保持 $f_{vpn} \times M = f_m$ 这种关系,则可以自由设计 PLL 的时间常数。

若 M 的衰减量变大,则时间常数变小,可使比较频率中纹波变小。可是,时间常数较大时,锁相速度变慢。

反之,若平坦部分的衰减量 M 设计较小,则纹波增大,但锁相速度变快。衰减量 M 越小,环路增益变大,由于负反馈的作用,输出频率附近的相位噪声变小。然而,比较频率中纹波成分不能得到足够大的衰减,仅是偏移振荡频率的比较频率中寄生成分变大,相位噪声与比较频率中寄生成分为折衷的关系。

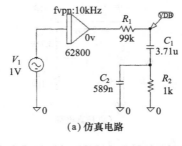

(a) 仿真电路

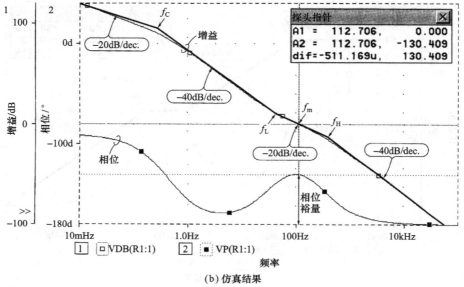

(b) 仿真结果

图 3.5　PLL 电路的综合传输特性(开环特性)

3.1.3　分频系数的改变情况

PLL 电路有各种各样的应用,但在 PLL 频率合成器等应用中,要改变输出振荡频率时可以改变分频系数。若改变分频系数,则鉴相器、VCO、分频器等合成传输特性 f_{vpn} 当然也会改变。因此,环路滤波器也需要根据增益的变化进行设计。

对于第 2 章中图 2.4 所示电路实例,分频系数固定为 50。例如,在 $10 \sim 100\text{kHz}$ 频率范围内,为了得到步进频率为 1kHz 的输出频率时,分频系数必须在 $10 \sim 100$ 之间改变。VCO 的控制电压-振荡频率特性是直线,假定输入电压为 2.5V 时,可得到 100kHz 输出的 VCO,(10kHz 输出时分频系数为 10,100kHz 时为 100),

则鉴相器、VCO、分频器的合成传输特性 f_{vpn} 如图 3.6 所示。

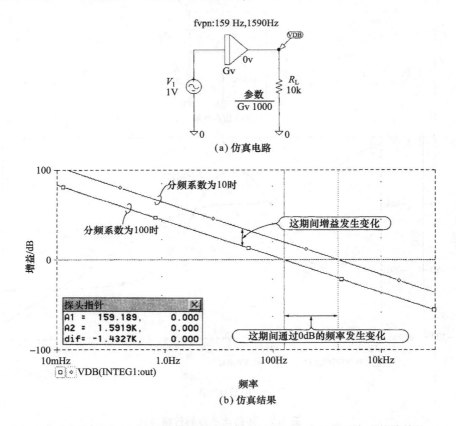

(a) 仿真电路

(b) 仿真结果

图 3.6 分频系数在 10～100 之间改变时,鉴相器、VCO、分频器的合成传输特性

也就是说,确保相位裕量的频率不是一处,必须在 10 倍频率范围内确保其相位裕量。为此,对于环路滤波器的特性,拓宽增益的平坦部分如图 3.7 所示。f_L 与 f_H 的间隔也比分频系数固定时宽,确保相位裕量的频率范围也变宽了。而综合特性根据分频系数的不同,将变成如图 3.8 所示特性之间的移动情况。

如图 3.8 所示,增益特性是变化的,但相位特性是恒定的,即鉴相器、VCO、分频器的相位滞后 90°,因此,即使分频系数改变,相位特性也是不变的。

3.1.4 根据规格化曲线图求出环路滤波器的常数(参照 附录 B)

PLL 电路中使用的滞后超前滤波器如图 3.9 所示,f_L 与 f_H

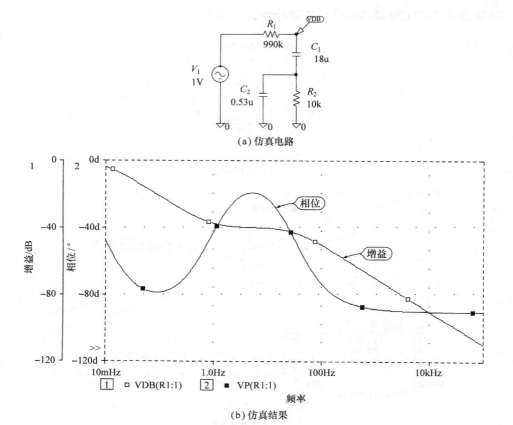

(a) 仿真电路

(b) 仿真结果

图 3.7　环路滤波器的传输特性

的间隔即使相同,相位返回特性也随平坦部分的衰减量不同而异。很难通过计算求出环路滤波器的常数。这里,使用电路仿真器,可根据得到的值制成规格化的曲线图,若根据这个曲线图,就可以比较简单而准确地求出环路滤波器的常数。

制成的规格化曲线图如附录 B 所示(附录 B 用于环路滤波器设计的规格化曲线图)。这些曲线图中的 X 轴,表示确保相位裕量的频带上限(f_{dH})与下限(f_{dL})频率之比,Y 轴表示 f_{H} 或 f_{L} 与确保相位裕量频带的中心频率之比。

另外,环路滤波器的平坦部分有 $-40\mathrm{dB}$ 以上衰减时,由 $-40\mathrm{dB}$ 规格化曲线图可以求出适当值。

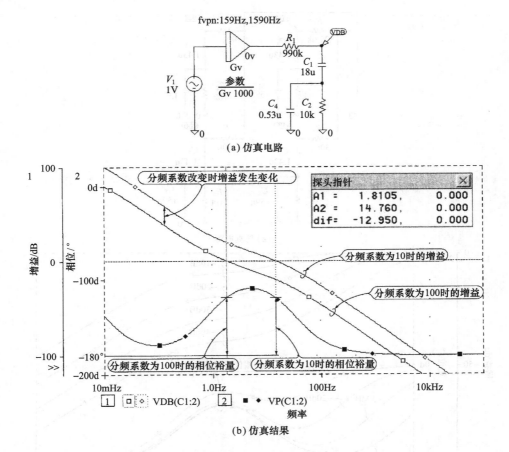

(a) 仿真电路

(b) 仿真结果

图 3.8　分频系数改变时,PLL 电路的综合传输特性(开环特性)

3.2　10～100kHz PLL 频率合成器中环路滤波器的设计

3.2.1　作为实验用频率合成器的概况

这里,介绍使用规格化曲线图,求出 PLL 具体电路中无源环路滤波器常数的方法。图 3.10 是设计的 10～100kHz PLL 频率合成器的构成框图,图 3.11 是实际电路图。74HC4060 是内有晶振振荡电路的分频用 IC,其构成将在第 6 章中介绍。输入使用稳定的 1kHz 时钟,这时 4.096MHz 晶体振子经 74HC4060 振荡/分频可以得到 1kHz 方波时钟。

鉴相器和 VCO 使用 MC74HC4060,采用例外的封装形式其

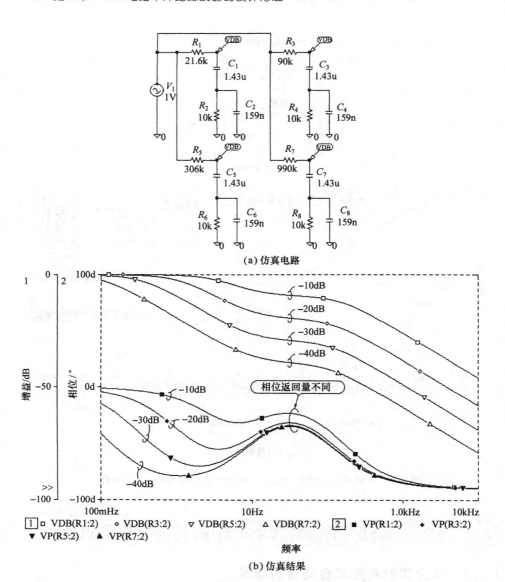

（a）仿真电路

（b）仿真结果

图 3.9　$f_L = 10\,\mathrm{Hz}$，$f_H = 100\,\mathrm{Hz}$ 固定情况下，

M 设计为 $-10\mathrm{dB}$，$-20\mathrm{dB}$，$-30\mathrm{dB}$，$-40\mathrm{dB}$ 时，增益/相位-频率特性

原因将在 8.3 节中说明。可编程分频器使用 TC9198（将在第 6 章中详细介绍），分频系数设定值为 10～100。

使用 U_5 中的 4 个并联 CMOS 缓冲器，作为输出缓冲器；输出阻抗为 50Ω，可以输出足够大的电流驱动 50Ω 的负载。

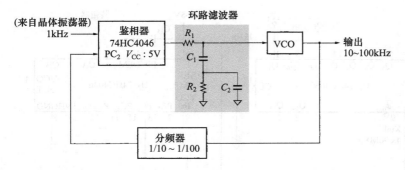

图 3.10　10～100kHz PLL 频率合成器的构成框图

3.2.2　频率合成器传输特性的求法(除环路滤波器以外)

利用附录中图 B.2 所示曲线图,试求出环路滤波器平坦部分分别为 -10dB,-20dB,-30dB 时的三种常数。

首先,求出分频系数最小与最大时,鉴相器、VCO、分频器的合成传输特性 f_{vpn}。根据图 3.12 所示的 VCO 控制电压-振荡频率特性,以及鉴相器的增益、分频系数,可以计算出输出频率 10kHz(分频系数为 10)时,$f_{\text{vpn}(10\text{kHz})}$ 为:

$$f_{\text{vpn}(10\text{kHz})} = \frac{(11\text{kHz} - 9\text{kHz}) \cdot 2\pi}{(1.103 - 1.058)} \cdot \frac{5\text{V}}{4\pi} \cdot \frac{1}{2\pi \cdot 10}$$
$$= 1768\text{Hz}$$

其次,计算出输出频率 100kHz(分频系数为 100)时,$f_{\text{vpn}(100\text{kHz})}$ 为:

$$f_{\text{vpn}(100\text{kHz})} = \frac{(110\text{kHz} - 90\text{kHz}) \cdot 2\pi}{(2.381\text{V} - 2.153\text{V})} \cdot \frac{5\text{V}}{4\pi} \cdot \frac{1}{2\pi \cdot 100}$$
$$= 349\text{Hz}$$

用曲线图表示通过计算得到的这两个 f_{vpn} 值,如图 3.13 所示。若该特性与图 3.14 所示环路滤波器的特性合成,则得到如图 3.15 所示的综合传输特性。由此,可以确保开环增益为 0dB 频率时的相位裕量。

3.2.3　时间常数小、$M = -10\text{dB}$、相位裕量为 60° 的设计

当 $M = -10\text{dB}$ 时,f_{C} 与 f_{L} 间隔变窄,初始相位滞后只有 30° 左右。这里,仅是 $M = -10\text{dB}$ 时相位裕量为 60° 的设计。

根据各自 $M = -10\text{dB}(0.316)$,求出确保环路滤波器有 30° 相位滞后时,上限频率 $f_{(-30°\text{H})}$ 以及下限频率 $f_{(-30°\text{L})}$ 分别为:

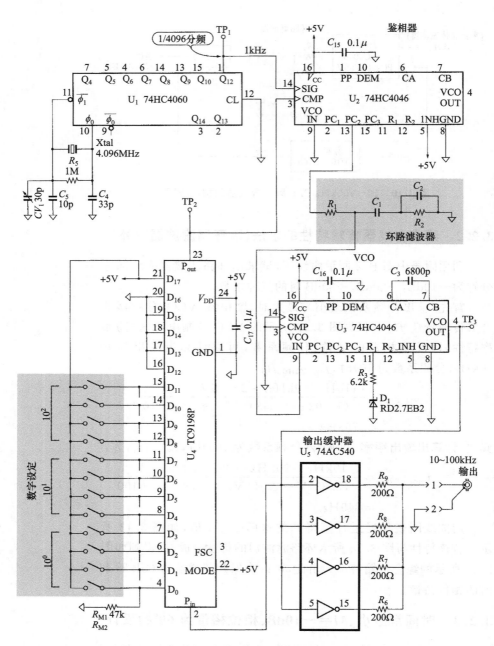

图 3.11 10～100kHz PLL 频率合成器的电路图（步进频率为 1kHz）

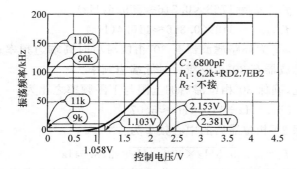

图 3.12 MC74HC4046AN 的控制电压–振荡频率特性（实测值）

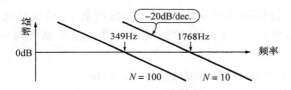

图 3.13 鉴相器-VCO-分频器的合成传输特性

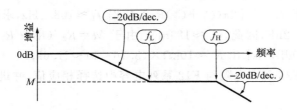

图 3.14 环路滤波器的频率特性

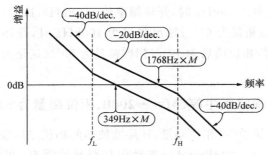

图 3.15 PLL 电路的开环特性

$$f_{(-30°H)} = 1768 \times 0.316 \approx 559.5(Hz)$$

$$f_{(-30°L)} = 349 \times 0.316 \approx 110.4(Hz)$$

式中：$f_{(-30°H)}$ 为环路滤波器有 30° 相位滞后时高端边频率；$f_{(-30°L)}$ 为环路滤波器有 30° 相位滞后时低端边频率。

因此，确保 30° 相位滞后的上限与下限频率之比为：

$$559.5Hz \div 110.4Hz \approx 5.07$$

确保 30° 相位滞后的中心频率为：

$$f_m = \sqrt{559.5Hz \times 110.4Hz} \approx 248.5Hz$$

使用附录 B 中图 B.2(b) 曲线图求 f_H 的规格化数值时，可在 X 轴的 5.07 与 −30° 的交点处找到对应 Y 轴值为 3.58，由此得到

$$f_H = 248.5Hz \times 3.58 \approx 889.6Hz$$

同样，使用附录 B 中图 B.2(c) 曲线图求 f_L 的规格化数值时，可在 X 轴的 5.07 与 −30° 的交点处找到对应 Y 轴值为 0.435，由此得到

$$f_L = 248.5Hz \times 0.435 \approx 108.1Hz$$

再计算环路滤波器的常数。

首先，若 $R_2 = 10k\Omega$，由于 $f_H = 1/(2\pi R_2 C_2)$，根据 $f_H \approx 889.6Hz$，求出 $C_2 \approx 17.9nF$。

由于 $f_L = 1/[2\pi(C_1 + C_2)R_2]$，根据 $f_L \approx 108.1Hz$，求出 $C_1 + C_2 \approx 147.2nF$，因此，$C_1 \approx 129nF$。由于 $M = R_2/(R_1 + R_2)$，根据 $M = -10dB$，可求出 $R_1 \approx 10k\Omega \times (3.16 - 1) \approx 21.6k\Omega$。

从 E24 系列电阻与 E12 系列电容中选择相应值，并进行整理则有

$$R_1 = 22k\Omega, R_2 = 10k\Omega, C_1 = 120nF, C_2 = 18nF$$

根据这些值进行仿真，其结果如图 3.16 所示。积分器常数的单位为弧度，因此，变为 349Hz × 2π ≈ 2193。

输出频率为 10kHz 时，开环频率约为 582Hz，这时，相位滞后为 119°（相位裕量为 61°）；输出频率为 100kHz 时，开环频率约为 150Hz，这时，相位滞后为 121°（相位裕量为 59°），这是大致求出的设计目标值。

3.2.4 时间常数中等、$M = -20dB$、相位裕量为 50° 的设计

为了确保 50° 的相位裕量，环路滤波器的相位滞后应为 40°。

根据 $M = -20dB(0.1)$，求确保环路滤波器有 40° 相位滞后时，上限频率 $f_{(-40°H)}$ 与下限频率 $f_{(-40°L)}$ 分别为：

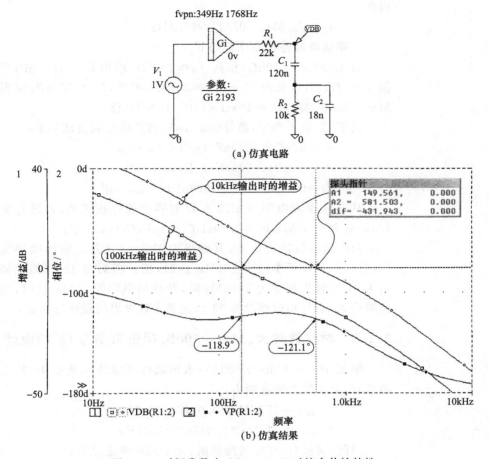

图 3.16　时间常数小、$M=-10\text{dB}$ 时综合传输特性

$$f_{(-40°\text{H})}=1768\text{Hz}\times0.1\approx176.8\text{Hz}$$

$$f_{(-40°\text{L})}=349\text{Hz}\times0.1\approx34.9\text{Hz}$$

因此,确保有 40°相位滞后的上限与下限频率之比为:

$$176.8\text{Hz}\div34.9\text{Hz}\approx5.07$$

确保有 40°相位滞后的中心频率为:

$$f_{\text{m}}=\sqrt{176.8\text{Hz}\times34.9\text{Hz}}\approx76.8\text{Hz}$$

使用附录 B 中图 B.3(b)曲线图求 f_{H} 的规格化数值时,可在 X 轴的 5.07 与 $-40°$ 的交点处找到对应 Y 轴值为 3.2,由此得到

$$f_{\text{H}}=78.6\text{Hz}\times3.2\approx252\text{Hz}$$

再使用附录 B 中图 B.3(c)曲线图求 f_{L} 的规格化数值时,可在 X 轴的 5.07 与 $-40°$ 的交点处找到对应 Y 轴值为 0.347,由此

得到

$$f_\mathrm{L} = 78.6\,\mathrm{Hz} \times 0.347 \approx 27.3\,\mathrm{Hz}$$

环路滤波器各常数计算如下。

首先,若 $R_2 = 10\,\mathrm{k\Omega}$,根据 $f_\mathrm{H} \approx 252\,\mathrm{Hz}$,求出 $C_2 \approx 63.2\,\mathrm{nF}$;根据 $f_\mathrm{L} \approx 27.3\,\mathrm{Hz}$,求出 $C_1 + C_2 \approx 583\,\mathrm{nF}$,因此,$C_1 \approx 520\,\mathrm{nF}$;根据 $M = -20\,\mathrm{dB}$,求出 $R_1 \approx 10\,\mathrm{k\Omega} \times (10-1) \approx 90\,\mathrm{k\Omega}$。

由于 C_1 值不确定,最好选定 $1\,\mathrm{\mu F}$,将其他常数整理如下:

$$R_1 = 90\,\mathrm{k\Omega} \times (520\,\mathrm{nF}/1\,\mathrm{\mu F}) = 46.8\,\mathrm{k\Omega}$$

$$R_2 = 10\,\mathrm{k\Omega} \times (520\,\mathrm{nF}/1\,\mathrm{\mu F}) = 5.2\,\mathrm{k\Omega}$$

$$C_2 = 63.2\,\mathrm{nF} \times (1\,\mathrm{\mu F}/520\,\mathrm{nF}) \approx 121.5\,\mathrm{nF}$$

从 E24 系列电阻与 E12 系列电容中选择相应值,并进行整理,则有 $R_1 = 47\,\mathrm{k\Omega}$,$R_2 = 5.1\,\mathrm{k\Omega}$,$C_1 = 1\,\mathrm{\mu F}$,$C_2 = 120\,\mathrm{nF}$。

根据这些值进行仿真,其结果如图 3.17 所示。输出频率为 $10\,\mathrm{kHz}$ 时,开环频率约为 $169\,\mathrm{Hz}$,这时,相位滞后为 $129°$(相位裕量为 $51°$);输出频率为 $100\,\mathrm{kHz}$ 时,开环频率约为 $44\,\mathrm{Hz}$,这时,相位滞后为 $127°$(相位裕量为 $53°$),这是大致求出的设计目标值。

3.2.5 时间常数大、$M = -30\mathrm{dB}$、相位裕量为 $50°$ 的设计

根据 $M = -30\,\mathrm{dB}(0.0316)$,求出确保环路滤波器有 $40°$ 相位滞后时,上下限频率分别为:

$$f_{(-40°\mathrm{H})} = 1768\,\mathrm{Hz} \times 0.0316 \approx 55.9\,\mathrm{Hz}$$

$$f_{(-40°\mathrm{L})} = 349\,\mathrm{Hz} \times 0.0316 \approx 11.04\,\mathrm{Hz}$$

因此,确保有 $40°$ 相位滞后时,上下限频率之比为:

$$55.9\,\mathrm{Hz} \div 11.04\,\mathrm{Hz} \approx 5.06$$

确保有 $40°$ 相位滞后时的中心频率为:

$$f_\mathrm{m} = \sqrt{55.9\,\mathrm{Hz} \times 11.04\,\mathrm{Hz}} \approx 24.8\,\mathrm{Hz}$$

使用附录 B 中图 B.4(b) 曲线图求 f_H 的规格化数值时,可在 X 轴的 5.06 与 $-40°$ 的交点处找到对应 Y 轴值为 3.4,由此得到

$$f_\mathrm{H} = 24.8\,\mathrm{Hz} \times 3.4 \approx 84.3\,\mathrm{Hz}$$

在使用附录 B 中图 B.4(c) 曲线图求出 f_L 的规格化数值时,可由 X 轴的 5.06 与 $-40°$ 的交点处找到对应 Y 轴值为 0.302,由此得到

$$f_\mathrm{L} = 24.8\,\mathrm{Hz} \times 0.302 \approx 7.49\,\mathrm{Hz}$$

计算环路滤波器的常数如下。

首先,若 $R_2 = 10\,\mathrm{k\Omega}$,根据 $f_\mathrm{H} \approx 84.3\,\mathrm{Hz}$,求出 $C_2 \approx 189\,\mathrm{nF}$;根

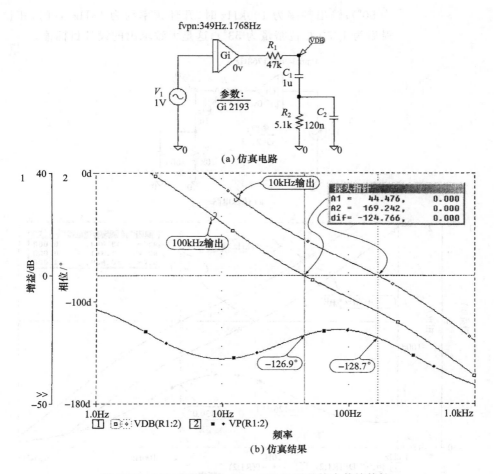

图 3.17 时间常数中等、$M=-20\mathrm{dB}$ 时的综合传输特性

据 $f_\mathrm{L}\approx7.49\mathrm{Hz}$，求出 $C_1+C_2\approx2.13\mathrm{nF}$，由此，$C_1\approx1.94\mu\mathrm{F}$；根据 $M=-30\mathrm{dB}$，求出 $R_1\approx10\mathrm{k\Omega}\times(31.6-1)\approx306\mathrm{k\Omega}$。

由于 C_1 值不确定，最好选定 $1\mu\mathrm{F}$，将其他常数整理如下：

$$R_1=306\mathrm{k\Omega}\times(1.94\mu\mathrm{F}/1\mu\mathrm{F})=594\mathrm{k\Omega}$$

$$R_2=10\mathrm{k\Omega}\times(1.94\mu\mathrm{F}/1\mu\mathrm{F})=19.4\mathrm{k\Omega}$$

$$C_2=189\mathrm{nF}\times(1\mu\mathrm{F}/1.94\mu\mathrm{F})\approx97.4\mathrm{nF}$$

从 E24 系列电阻与 E12 系列电容中选择相应值，并进行整理，则有 $R_1=620\mathrm{k\Omega}$，$R_2=20\mathrm{k\Omega}$，$C_1=1\mu\mathrm{F}$，$C_2=100\mathrm{nF}$。

根据这些值进行仿真，其结果如图 3.18 所示。输出频率为 10kHz 时，开环频率约为 52Hz，这时，相位滞后为 130°（相位裕量为 50°);输出频率为 100kHz 时,开环频率约为 13Hz,这时,相位滞后为 127°(相位裕量为 53°),这是大致求出的设计目标值。

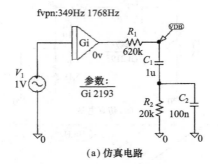

(a) 仿真电路

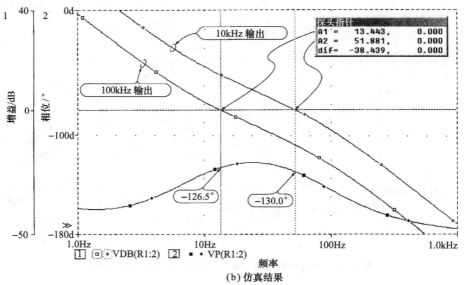

(b) 仿真结果

图 3.18 时间常数大、$M = -30\text{dB}$ 时综合传输特性

3.2.6 试做的频率合成器的输出波形

用示波器观测试做的频率合成器的输出波形如照片 3.1 所示,这是在时间常数较小的情况下,频率范围为 10~50kHz 时的输出波形,输出波形随频率有较大变化。这是完全不能锁定的波形。若频率计数器采用 1 秒门脉冲来测量频率本身,就能正确地设定频率。其原因在于正在进行锁定,而鉴相器输出纹波过大,使输出频率产生较大变化。

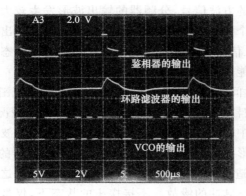

照片 **3.1**   时间常数小时各部分的波形

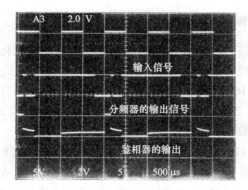

照片 **3.2**   时间常数小时鉴频器与鉴相器的输出波形

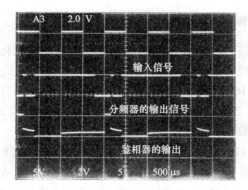

照片 **3.3**   时间常数中等时各部分波形

若再细心地观察一下波形,比较频率为 1kHz 时,波形变化重复为 2ms。为寻求其原因而观察的波形如照片 3.2 所示。对于输入比较规则的方波信号,分频器的输出波形发生较大紊乱。鉴相器是将这两个波形的上升沿进行比较,但分频器输出信号的频率过低,在输入信号一个波形之间不能变为高电平状态,很明显,用1ms间隔不能进行相位比较。

另外,时间常数中等与大时,在所有设定频率范围内可得到优质方波,示波器显示的波形上没有表现出其优劣情况。照片3.3是时间常数中等而设定频率为10kHz时的各部分波形。但在鉴相器输出波形中可以见到窄脉冲。这是由于示波器的探头存在阻抗(10MΩ),造成环路滤波器的电容漏电,为了补偿这种漏电而使用鉴相器输出脉冲的缘故。不接探头的状态下,仅是补偿电容的漏电流,因此,见到的应是更窄的脉冲。

3.2.7　试做的频率合成器的输出频谱

用示波器观察试做的频率合成器时波形发生变化,为此,现用频谱分析仪观察波形,照片3.4至照片3.6是观察的结果。输出频率范围为10～100kHz,因此,观察10kHz,30kHz,100kHz三种频率的输出波形。观察的频谱大致相同,为此,这里表示出30kHz时的数据。

照片3.4(a)表示时间常数小时的频谱。鉴相器输出脉冲成分有较大残留,相位比较频率中频率变化急剧,寄生成分也比振荡频率成分大。然而,作为PLL电路,它稳定地进行锁相,若测量频率时,频率计数器的门时间长达1秒以上,约为设定频率的值,该

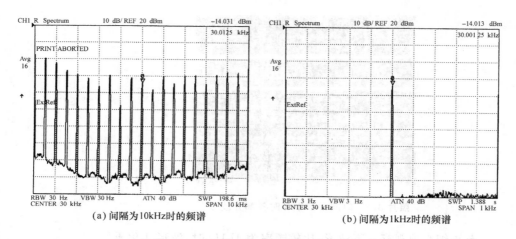

(a)间隔为10kHz时的频谱　　　　(b)间隔为1kHz时的频谱

照片3.4　时间常数小时频谱(振荡频率为30kHz)

值是稳定的。

照片 3.5(a)是时间常数中等时的频谱。振荡频率 30kHz 的电平为 13.168dBm(0dBm 时为 50Ω·1mW·0.2236V_{RMS}，因此，约为 1.02V_{RMS})，只在偏移比较频率处出现寄生成分，电平约为 －50dBm。因此，可以确保载波与寄生成分之差约为 30dB。

照片 3.5(b)是照片 3.5(a)的横轴(频率轴)放大，而间隔为 1kHz 时频谱。在偏移 100kHz 振荡频率的 100Hz 处，噪声电平约为 － 53dBm。由于频谱分析仪的 RBW(Resoration Band Width)为 3Hz，因此，每 1Hz 为 $1/\sqrt{3}$(约等于 －4.8dB)。在偏移载波 100Hz 处，相位噪声为 －57.8dBm/$\sqrt{\text{Hz}}$，与载波相比较约为 －71dBc/$\sqrt{\text{Hz}}$。

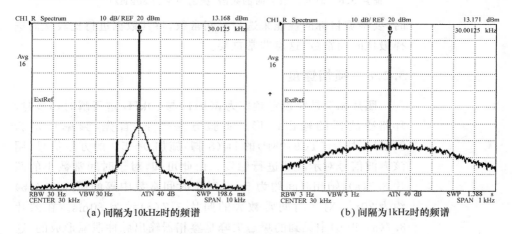

(a) 间隔为 10kHz 时的频谱　　　　　(b) 间隔为 1kHz 时的频谱

照片 3.5　时间常数中等时的频谱(振荡频率为 30kHz)

在时间常数中等的照片 3.5(b)与时间常数大的照片 3.6(b)中，若将其偏移载波 100Hz 处的噪声进行比较，则照片 3.5(b)的噪声电平小。时间常数越小，PLL 电路的环路增益越大，施加负反馈可以改善 VCO 的相位噪声。

时间常数越大，鉴相器输出脉冲衰减越快，比较频率带来的寄生成分应该越小。然而，在现测试的照片 3.5(a)与照片 3.6(a)中，照片 3.5(a)(时间常数小)的寄生成分反而小，得出的结果与理论上不同。作者认为这是除来自环路滤波器的纹波成分以外，电源与分布电容、共模噪声等其他原因使 VCO 中比较频率成分泄漏与混入引起的。

这样，寄生成分随时间常数不同而变化，因此，进行实际设计

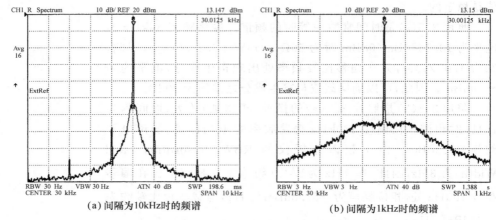

(a) 间隔为 10kHz 时的频谱　　　　　(b) 间隔为 1kHz 时的频谱

照片 **3.6** 时间常数大时的频谱（振荡频率为 30kHz）

时，要根据目标的性能来选择时间常数，将其数据进行比较从而选择最佳时间常数，这点非常重要。

3.2.8 锁相速度

　　照片 3.7 是对设定频率为 80kHz 与 90kHz 进行瞬时切换时，环路滤波器的输出波形。实验方法如下，首先，频率设定为 80kHz，对 U_4（TC9198P）的 D4（8 脚）施加 0～5V 的方波信号，用该方波信号对示波器进行触发。由此可知，对于时间常数小的照片 3.7(a)，锁相时间约为 5ms，对于时间常数中等的照片 3.7(b) 约为 20ms，对于时间常数大的照片 3.7(c) 约为 80ms。在照片 3.7(a) 和 (b) 中见到的瞬态尖峰是鉴相器输出脉冲泄漏形成的，这不是表示环路不稳定产生的自激振荡。

　　照片 3.8 是使用被称为调制磁畴分析仪的测量仪器（HP53310A），用外部触发信号测量瞬态响应特性的结果。并显示了其他测试项目，但调制磁畴分析仪也是评价 PLL 电路时常应用的非常重要的测量仪器。另外，进行这种测量时，环路滤波器不用接探头。由于在屏幕上显示测量 VCO 输出信号的频率，不受测量探头的影响，因此，可以正确地进行高分辨的测量。

　　观察照片 3.8 得到与照片 3.7 同样的结果，由此可知，当 VCO 输入电压变化时，测量锁相速度也不会出问题。照片 3.9 是照片 3.8(b) 的纵轴（频率）放大的情况，由于 1div. 表示 50Hz，由此可知，对于目标为 90kHz 的频率，在 50Hz 以内为 33ms，这是正确的。

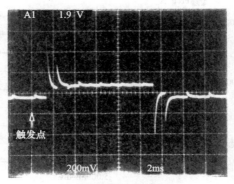

(a) 时间常数小时的瞬态响应

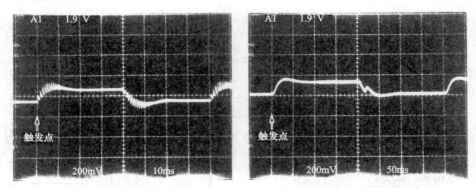

(b) 时间常数中等时的瞬态响应 　　　　　　　　　(c) 时间常数大时的瞬态响应

照片 **3.7** 瞬态响应(振荡频率 80kHz→90kHz)

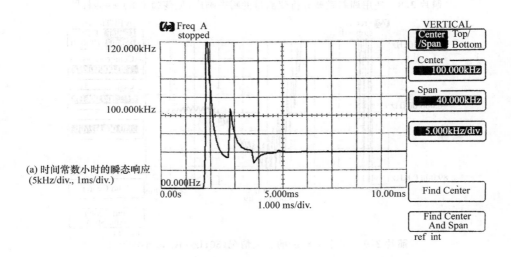

(a) 时间常数小时的瞬态响应
　(5kHz/div., 1ms/div.)

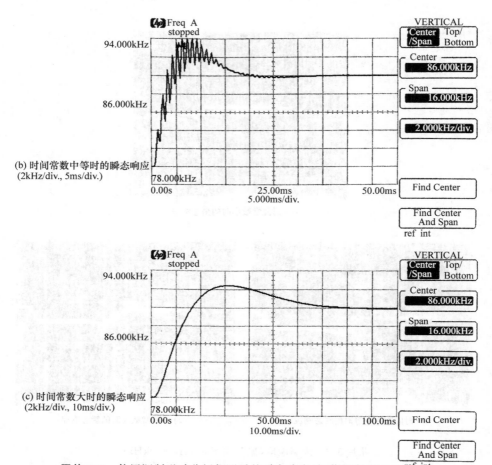

(b) 时间常数中等时的瞬态响应
(2kHz/div., 5ms/div.)

(c) 时间常数大时的瞬态响应
(2kHz/div., 10ms/div.)

照片 3.8 使用调制磁畴分析仪测量的瞬态响应（振荡频率 80→90kHz）

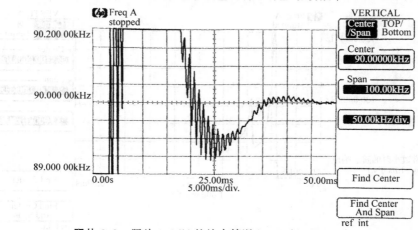

照片 3.9 照片 3.8(b)的放大情况（50Hz/div. ,5ms/div.）

3.3 有源环路滤波器

3.3.1 有源环路滤波器

对于 PLL 电路中的环路滤波器,不仅有使用只由 R 和 C 元件构成的无源环路滤波器,还有使用图 3.19 所示的由运放等构成的有源环路滤波器。无源环路滤波器的增益当然小于 1,因此,从鉴相器中不能获得比输出电压(通常最大为+5V)高的值。然而,对于使用 LC 谐振回路的 VCO 等,有时也需要 10V 以上的控制电压。这时,使用的控制电压可达到运放最大输出电压的有源环路滤波器,从而获得较好的效果。

图 3.19 所示的有源环路滤波器,其输入输出波形的相位相反,即相位相差 180°。为此,在该图所示实例中,将 74HC4046 鉴相器输入端(3 脚与 14 脚)进行调换,可使输入输出同相位。

运放的直流增益非常大,因此,环路处于稳定状态时,运放的两个输入端电位差近似为 0V。因此,鉴相器的输入输出特性如图 3.19(b)所示时,运放同相输入端的电位 V_{REF} 为 $V_{CC}/2$,鉴相器的两个输入端信号的相位在 0°进行锁相。

另外,利用这种特性改变 V_{REF} 值,对于任意的相位差,PLL 电路也都能进行锁相。这样,PLL 电路的频率即使变化,仍可以将输入输出信号的相位差进行移动,构成任意相位的电路。

3.3.2 2 次有源环路滤波器的伯德图

图 3.19 所示有源环路滤波器与图 3.1 所示无源环路滤波器一样,具有 f_C,f_L,f_H 三个拐点,图 3.20 是其伯德图。

有源环路滤波器与无源环路滤波器不同之处是,环路滤波器平坦部分的增益由 R_2/R_1 决定,也可大于 1,这样设计自由度较大。另外,f_C 点的增益由运放非常大的直流增益(通常为 100dB以上)决定,因此,一般与平坦部分的增益无关,保持 $f_C \ll f_L$ 的关系。即使平坦部分的增益发生变化,相位返回量仍仅由 f_H/f_L 关系决定。例如,$f_H/f_L=10$ 时,可得到约 55°的相位返回量,PLL电路的分频系数固定时,可在此附近设计常数。

在图 3.20 所示实例中,容易观察到 f_C,f_L,f_H 之点的 A_v 值为 40dB,但实际上为较大值,即 100~140dB,f_C 位于最低频率处。

对于图 3.19(a)所示的电路,可将其中与运放有关的电路改

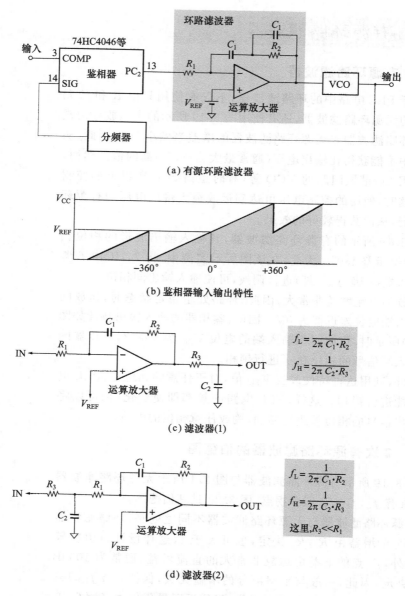

（a）有源环路滤波器

（b）鉴相器输入输出特性

（c）滤波器(1)

（d）滤波器(2)

图 3.19 使用有源环路滤波器的 PLL 电路

为图 3.19(c)和(d)的电路。在图 3.19(c)电路中,由于在靠近 VCO 输入端增设一只电容,为此,接入一只电阻。实际上这样有利于防止噪声的混入。

在有源滤波器中可以使用不同类型的运放,当使用这种运放

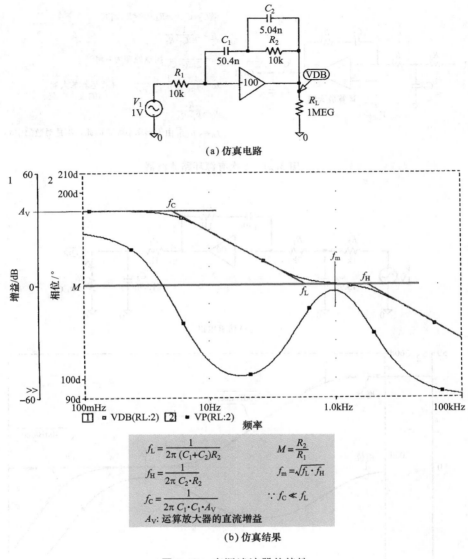

(a) 仿真电路

$$f_L = \frac{1}{2\pi (C_1+C_2) R_2} \qquad M = \frac{R_2}{R_1}$$

$$f_H = \frac{1}{2\pi C_2 \cdot R_2} \qquad f_m = \sqrt{f_L \cdot f_H}$$

$$f_C = \frac{1}{2\pi C_1 \cdot C_1 \cdot A_V} \qquad \because f_C \ll f_L$$

A_V: 运算放大器的直流增益

(b) 仿真结果

图 3.20 有源滤波器的特性

时,即输入脉冲超过其转换速率时,则会发生偏置漂移。这时,若使用图 3.19(d) 的电路,由于 R_3 和 C_2 的作用使频率高端截止,从而可以防止运放转换速率引起的偏置漂移。

3.3.3　3 次有源环路滤波器

　　环路滤波器的第一个目的是滤除比较频率中的纹波成分。因

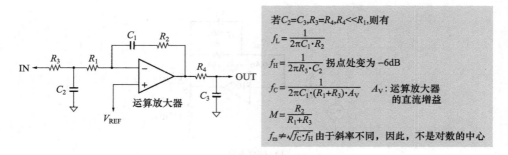

图 3. 21　3 次有源环路滤波器

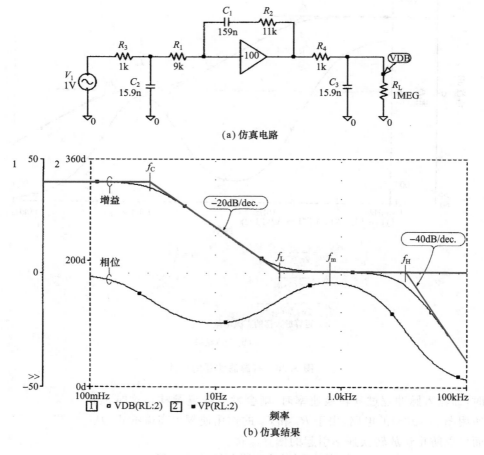

（a）仿真电路

（b）仿真结果

图 3. 22　3 次有源环路滤波器的特性

此,环路滤波器的截止梯度越陡峭,滤除纹波的能力越强。然而,梯度越陡峭,相位滞后也越大,为此,较难对 PLL 电路的环路进行稳定的控制。

图 3.21 所示为 3 次特性的有源环路滤波器。适当选择环路滤波器的常数,它具有图 3.19(c) 和 (d) 所示滤波器的优点,就可以构成稳定的而滤除纹波能力强的环形滤波器。

另外,伯德图如图 3.22 所示,比 f_H 高的频率高端也有 $-40dB/dec.$ 的斜率,增强了纹波滤除能力。再有,比 f_H 低的频率处斜率为 $-20dB/dec.$,为此,相位返回量最大时,频率 f_m 偏移 f_L 与 f_H 对数的中心频率而接近 f_L。

3.3.4 有源环路滤波器的噪声

运放虽很微小但产生噪声,有源环路滤波器受运放的影响而输出噪声。若该噪声加至 VCO,则可导致 VCO 输出波形的频谱致坏。因此,如何对有源环路滤波器的噪声进行控制也是 PLL 电路中的重要研究问题。

环路滤波器中使用的运放,当然要选用等效输入噪声电压小的器件,但运放的输入噪声电流流经图 3.19(a) 环路滤波器中的电阻 R_1 时,要产生噪声电压。为此,在选择输入噪声电流小的运放的同时,设计的 R_1 阻值要尽可能地小,这点也非常重要。

当 VCO 控制电压不够时,也可以考虑在图 3.23 所示的无源环路滤波器后面,接入放大器(运放)。然而,放大器的带宽越宽,产生的噪声越大。而放大器的带宽设计较窄,放大器的相位滞后又带来了问题。因此,当使用放大器时,最好的方法是设计的有源环路滤波器具有最佳频率特性。通过最佳设计可使输出信号中寄生成分很小。

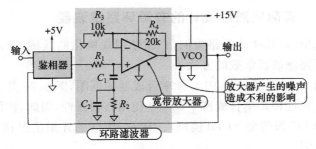

图 3.23 在无源环路滤波器后配置放大器的电路

如图 3.24 所示,当鉴相器输出脉冲放大后,采用配置无源环路滤波器的方法也能得到较高的控制电压,从而可以防止噪声的增大。

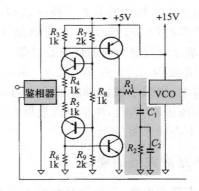

图 3.24 鉴相器输出脉冲放大后配置无源环路滤波器的电路

3.3.5 根据规格化曲线图求出有源环路滤波器常数的方法

有源环路滤波器与无源环路滤波器一样,通过计算来求相位返回量时存在很多困难。这里,可根据仿真器得到的值原样绘制出有源环路滤波器规格化曲线图,通过此曲线图求解,如附录 B 所示。

使用一般运放构成有源环路滤波器时,f_C 与 f_H 的间隔比较宽,因此,即使平坦部分的增益 M 不同,也可以通过相同的规格化曲线图求出 f_H 与 f_L 的值。

3.4 25～50MHz PLL 频率合成器中环路滤波器的设计

3.4.1 实际电路中设计的有源环路滤波器

这里,以具体的电路为例,介绍使用规格化曲线图,求出 3 次有源环路滤波器常数的方法。

图 3.25 是设计的 PLL 频率合成器的框图,图 3.26 是实际电路图。在这种频率合成器中,VCO 使用高频器件,因此,使用市场销售的 LC 振荡型 VCO(模块)。有关 VCO 的详细情况将在第 5 章中介绍。

图 3.27 所示为使用的 VCO(POS50)的控制电压-振荡频率

特性。在这个频率合成器中，U_2（CD74HC4046）只是用作鉴相器，为此，其 5 脚上拉至＋5V，这样，可防止 VCO 产生振荡。

另外，为了避免 VCO、环路滤波器与鉴相器之间通过电源相互干扰，接入专用低噪声集成稳压器。环路滤波器中使用的运放 OP284 是一种低噪声满振幅运放。R_{16} 是用于测量开环特性的电阻，即使不接该电阻，电路工作也不受影响。$R_{17} \sim R_{19}$ 构成 $50\Omega/$3dB 的衰减器，用于防止阻抗不匹配导致 SWR（驻波比）变坏。

U_5 是 10 分频前置频率倍减器，U_6 构成 $1/2500 \sim 1/5000$ 脉冲分频器，按二进制设定为 $2500 \sim 5000$。

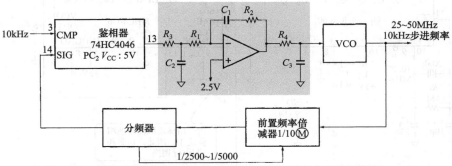

图 3.25　使用有源滤波器的 25～50MHz PLL 频率合成器的框图

3.4.2　使用规格化曲线图求出环路滤波器的常数

这里，利用附录 B 的曲线图，求出环路滤波器平坦部分分别为 0dB，－10dB，－20dB 时三种常数。

首先，求出最低频率（分频系数最小）与最高频率（分频系数最大）时，鉴相器、VCO、分频器的合成传输特性 f_{vpn}。

当输出频率为 25MHz（分频系数为 2500）时，$f_{\text{vpn(25MHz)}}$ 为：

$$f_{\text{vpn(25MHz)}} = \frac{(27.5\text{MHz} - 23.2\text{MHz}) \cdot 2\pi}{(3\text{V} - 1\text{V})} \cdot \frac{5\text{V}}{4\pi}$$

$$\times \frac{1}{2\pi \cdot 2500} = 335\text{Hz}$$

当输出频率为 50MHz（分频系数为 5000）时，$f_{\text{vpn(50MHz)}}$ 为：

$$f_{\text{vpn(50MHz)}} = \frac{(52.0\text{MHz} - 47.0\text{MHz}) \cdot 2\pi}{(14\text{V} - 12\text{V})} \cdot \frac{5\text{V}}{4\pi}$$

$$\times \frac{1}{2\pi \cdot 5000} = 197\text{Hz}$$

用曲线图表示通过计算得到的这两个 f_{vpn} 值如图 3.28 所示。若该特性与图 3.29 所示环路滤波器特性进行合成，则得到图 3.30

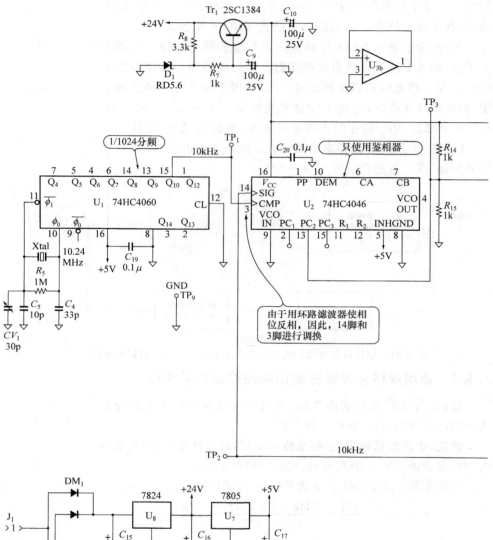

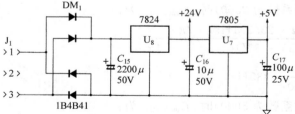

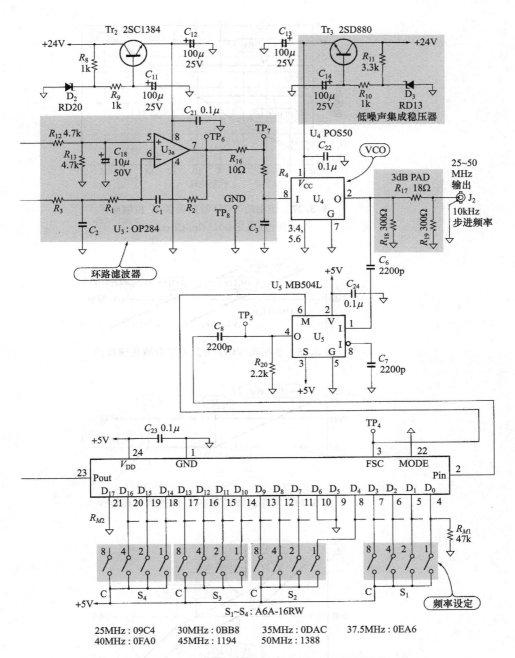

图 3.26 25~50MHz PLL 频率合成器电路图(步进频率为 10kHz)

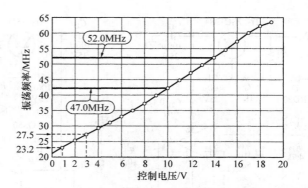

图 3.27 使用的 VCO 的振荡频率–控制电压
特性（POS-50，Mini-Circuits）

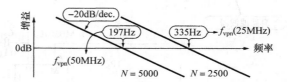

图 3.28 鉴相器-VCO-分频器的合成传输特性

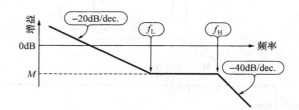

图 3.29 环路滤波器与 PLL 电路的开环特性

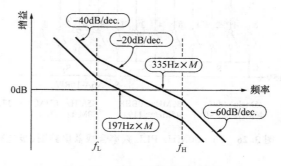

图 3.30 PLL 电路的开环特性

所示综合传输特性。由此,可以确保开环增益为 0dB 频率时的相位裕量。

3.4.3　时间常数小、$M＝0\text{dB}$、相位裕量为 50°的设计

由于设计相位裕量为 50°,因此,环路滤波器的相位滞后应为 40°。

根据 $M＝0\text{dB}$(增益为 1),求出确保环路滤波器为 40°相位滞后时上、下限频率为:

$$f_{(-40°\text{H})}＝335\text{Hz}\times1＝335\text{Hz}$$
$$f_{(-40°\text{L})}＝197\text{Hz}\times1＝197\text{Hz}$$

式中:$f_{(-40°\text{H})}$ 为环路滤波器的相位滞后为 40°时高端边频率;$f_{(-40°\text{L})}$ 为环路滤波器的相位滞后为 40°时低端边频率。

因此,确保 40°相位滞后的上限与下限频率之比为:

$$335\text{Hz}\div197\text{Hz}\approx1.7$$

确保 40°相位滞后的中心频率为:

$$f_\text{m}＝\sqrt{335\text{Hz}\times197\text{Hz}}\approx256.9\text{Hz}$$

使用图 B.9(b)的曲线图求出 f_H 规格化数值时,可在 X 轴的 1.7 与 -40°的交点处找到对应 Y 轴值为 6.06,由此得到

$$f_\text{H}＝256.9\text{Hz}\times6.06\approx1557\text{Hz}$$

使用图 B.9(c)的曲线图求出 f_L 规格化数值时,可在 X 轴的 1.7 与 -40°的交点处找到对应 Y 轴值为 0.368,由此得到

$$f_\text{L}＝256.9\text{Hz}\times0.368\approx94.54\text{Hz}$$

首先,若 $R_1\gg R_3$,$R_3＝R_4$,$C_2＝C_3＝100\text{nF}$,根据 $f_\text{H}\approx1557\text{Hz}$,求出 $R_3＝R_4＝1.022\text{k}\Omega$。

若 $C_1＝150\text{nF}$,根据 $f_\text{L}＝94.54\text{Hz}$,求出 $R_2＝11.22\text{k}\Omega$

根据 $M＝0\text{dB}$,而 $R_1＋R_3＝R_2\times1$,由此,$R_1＝10.20\text{k}\Omega$

从 E24 系列电阻与 E12 系列电容中选择相应值,并进行整理,则有 $R_1＝10\text{k}\Omega$,$R_2＝11\text{k}\Omega$,$R_3＝R_4＝1\text{k}\Omega$,$C_1＝150\text{nF}$,$C_2＝C_3＝100\text{nF}$。

根据这些值进行仿真,其结果如图 3.31 所示。输出频率为 50MHz 时,开环频率约为 212.709Hz,这时,相位滞后为 -128.934°(相位裕量为 51.066°);输出频率为 25MHz 时,开环频率约为 335.070Hz,这时,相位滞后为 128.784°(相位裕量为 51.216°),这是大致求出的设计目标值。

由于环路滤波器的作用使输入输出相位反相,为此,在仿真电

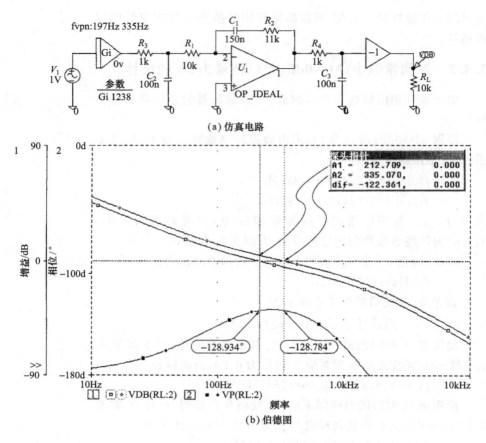

（a）仿真电路

（b）伯德图

图 3.31 当时间常数小、$M=0$dB 时的综合传输特性

路的后面接入反相器进行相位补偿。

3.4.4 时间常数中等、$M=-10$dB、相位裕量为 50° 的设计

根据 $M=-10$dB（增益为 0.316），求出确保环路滤波器为 40° 相位滞后时，上限与下限频率为：

$$f_{(-40°H)}=335\text{Hz}\times 0.316\approx 106\text{Hz}$$

$$f_{(-40°L)}=197\text{Hz}\times 0.316\approx 62.3\text{Hz}$$

因此，确保 40° 相位滞后的上限与下限频率之比为：

$$106\text{Hz}\div 62.3\text{Hz}\approx 1.7$$

确保 40° 相位滞后的中心频率为：

$$f_{\text{m}}=\sqrt{106\text{Hz}\times 62.3\text{Hz}}\approx 81.3\text{Hz}$$

使用 B.9(b)曲线图求出 f_{H} 规格化数值时，可在 X 轴的 1.7

与$-40°$的交点处找到对应 Y 轴值为 6.06，由此得到

$$f_H = 81.3\text{Hz} \times 6.06 \approx 493\text{Hz}$$

使用图 B.9(c)曲线图求出 f_L 规格化数值时，可在 X 轴的 5.07 与$-40°$的交点处找到对应 Y 轴值为 0.368，由此得到

$$f_L = 81.3\text{Hz} \times 0.368 \approx 29.9\text{Hz}$$

首先，若 $R_1 \gg R_3$，$R_3 = R_4$，$C_2 = C_3 = 330\text{nF}$，根据 $f_H \approx 493\text{Hz}$，求出 $R_3 = R_4 = 978.3\Omega$；若 $C_1 = 470\text{nF}$，根据 $f_L = 29.9\text{Hz}$，求出 $R_2 = 11.33\text{k}\Omega$；根据 $M = -10\text{dB}$，而 $R_1 + R_3 = R_2 \times 3.16$，由此，$R_1 = 34.82\text{k}\Omega$。

从 E24 系列电阻与 E12 系列电容中选择相应值，并进行整理，则有 $R_1 = 36\text{k}\Omega$，$R_2 = 11\text{k}\Omega$，$R_3 = R_4 = 1\text{k}\Omega$，$C_1 = 470\text{nF}$，$C_2 = C_3 = 330\text{nF}$。

根据这些值进行仿真，其结果如图 3.32 所示。输出频率为

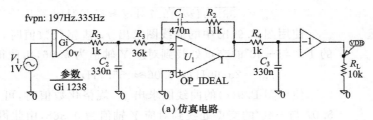

(a) 仿真电路

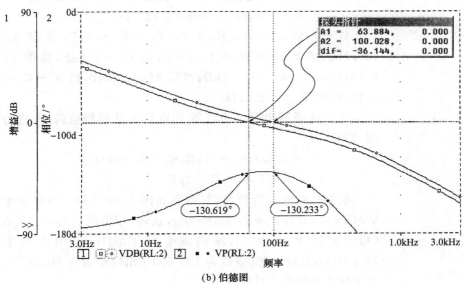

(b) 伯德图

图 3.32　时间常数中等、$M = -10\text{dB}$ 时综合传输特性

50MHz 时,开环频率为 63.884Hz,这时,相位滞后为 $-130.619°$ (相位裕量为 49.381°);输出频率为 25MHz 时,开环频率为 100.028Hz,这时,相位滞后为 130.233°(相位裕量为 49.767°),这是大致求出的设计目标值。

3.4.5　时间常数大、$M = -20$dB、相位裕量为 50°的设计

根据 $M = -20$dB(增益为 0.1),求出确保环路滤波器为 40°相位滞后时,上限与下限频率分别为:

$$f_{(-40°H)} = 335\text{Hz} \times 0.1 = 33.5\text{Hz}$$
$$f_{(-40°L)} = 197\text{Hz} \times 0.1 = 19.74\text{Hz}$$

因此,确保 40°相位滞后的上限与下限频率之比为:

$$33.5\text{Hz} \div 19.74\text{Hz} \approx 1.7$$

确保 40°相位滞后的中心频率为:

$$f_\text{m} = \sqrt{33.5\text{Hz} \times 19.74\text{Hz}} \approx 25.69\text{Hz}$$

使用图 B.9(b)中的曲线图求出 f_H 规格化数值时,可在 X 轴的 1.7 与 $-40°$ 的交点处找到对应 Y 轴值为 6.06,由此得到

$$f_\text{H} = 25.69\text{Hz} \times 6.06 \approx 155.7\text{Hz}$$

使用图 B.9(c)的曲线图求出 f_L 规格化数值时,可在 X 轴的 5.07 与 $-40°$ 的交点处找到对应 Y 轴值为 0.368,由此得到

$$f_\text{L} = 25.69\text{Hz} \times 0.368 \approx 9.454\text{Hz}$$

首先,若 $R_1 \gg R_3$,$R_3 = R_4$,$C_2 = C_3 = 1\mu\text{F}$,根据 $f_\text{H} \approx 155.7\text{Hz}$,求出 $R_3 = R_4 = 1.022\text{k}\Omega$;若 $C_1 = 1.5\mu\text{F}$,根据 $f_\text{L} = 9.454\text{Hz}$,求出 $R_2 = 11.22\text{k}\Omega$;根据 $M = -20$dB,而 $R_1 + R_3 = R_2 \times 10$,由此,$R_1 = 111.2\text{k}\Omega$。

从 E24 系列电阻与 E12 系列电容中选择相应值,并进行整理,则有

$$R_1 = 110\text{k}\Omega, R_2 = 11\text{k}\Omega, R_3 = R_4 = 1\text{k}\Omega,$$
$$C_1 = 1.5\mu\text{F}, C_2 = C_3 = 1\mu\text{F}$$

根据这些值进行仿真,其结果如图 3.33 所示。输出频率为 50MHz 时,开环频率为 21.089Hz,这时,相位滞后为 $-129.609°$ (相位裕量为 50.391°);输出频率为 25MHz 时,开环频率为 33.154Hz,这时,相位滞后为 129.655°(相位裕量为 50.345°),这是大致求出的设计目标值。

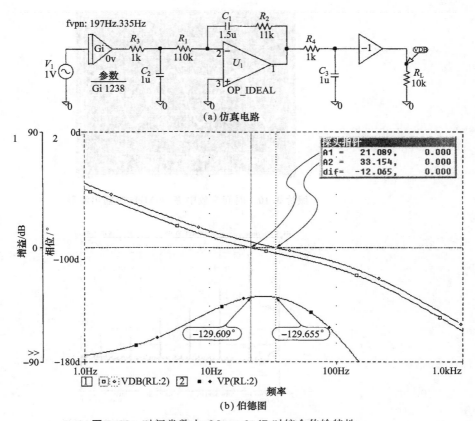

(a) 仿真电路

(b) 伯德图

图 3.33 时间常数大、$M=-20\text{dB}$ 时综合传输特性

3.4.6 试做的频率合成器的输出波形

照片 3.10 是试做的频率合成器的频率设定为 30MHz 时的输出波形,高端波形的顶部有些钝化。该波形的频谱如照片 3.11 所示。输出波形的电平约为 6.1dB,若考虑衰减器的衰减,则 VCO 输出的功率约为 9dB。数据表上记载的典型功率为 $+8.5\text{dBm}$,因此,9dB 是适宜值。

若观察一下高次谐波失真,则 2 次谐波失真电平为 -14dBm。因此,若与载波比较,则变为 -20.1dBc。在 VCO 数据表上看到的是"高频:典型值为 -19dBc",因此,-20.1dBc 也是适宜值。示波器屏幕上显示波形的高频失真也是 VCO 的标准形式。

在第 1 章 1.2 节中已经介绍过 PLL 电路中 VCO 频率变化的改善情况,但不能改善波形失真,开环 VCO 的波形失真特性原样

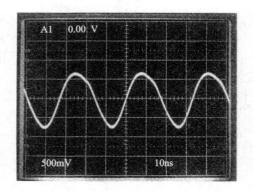

照片 3.10　时间常数中等、30MHz 时输出波形

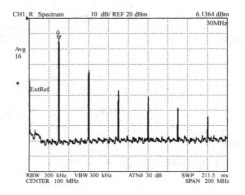

照片 3.11　时间常数中等、30MHz 时的输出频谱
（中心频率：100MHz；频率范围：200MHz）

表现在输出中。

3.4.7　试做的频率合成器的输出频谱

　　照片 3.12 至照片 3.14 是用频谱分析仪观察的频率合成器的输出波形。输出频率范围为 25～50MHz，因此，观察 25MHz，35MHz，50MHz 三种输出频率的波形。观察到的频谱大致相同，因此，这里只表示了 35MHz 时的数据。

　　对于不同时间常数，若将偏移振荡频率 10kHz 的比较频率中寄生成分进行比较，则由比较可知，时间常数越小，寄生成分越大；时间常数越大，寄生成分越小。若观察间隔 1kHz 时载波附近的相位噪声，可以发现，时间常数越小，则 PLL 环路的反馈量越大，因此，相位噪声小；若时间常数变大，则相位噪声增大。

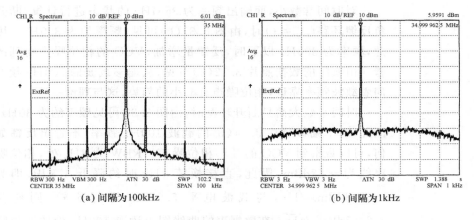

(a) 间隔为100kHz　　　　　　　　(b) 间隔为1kHz

照片 3.12　时间常数小时的频谱（振荡频率为 35MHz）

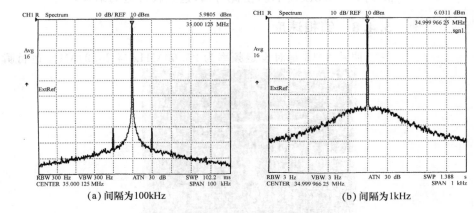

(a) 间隔为100kHz　　　　　　　　(b) 间隔为1kHz

照片 3.13　时间常数中等时的频谱（振荡频率为 35MHz）

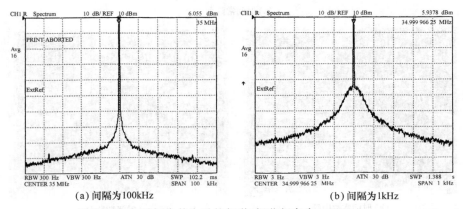

(a) 间隔为100kHz　　　　　　　　(b) 间隔为1kHz

照片 3.14　时间常数大时的频谱（振荡频率为 35MHz）

对时间常数小,而输出频率为 35MHz 的状态进行计算,断开负反馈环路($A\beta=1$)时,由图 3.31(b)可见,频率约为 300Hz。因此,频率为 300Hz 以下时,反馈量增加,VCO 的相位噪声得到改善。由实际的数据照片 3.12(b)可见,从偏移载波的 300Hz 频率向着载波频率靠近,相位噪声有减小的趋势,这与理论一致。

时间常数大而且断开环路时,由图 3.33 可见频率约为 30Hz。因此,对于偏移照片 3.14(b)的载波 100Hz 频率,不管负反馈如何,可以观察到 VCO 的开环相位噪声。RBW 为 3Hz 处,相位噪声约为 -53dBm,因此,直接换算 1Hz 时约降低 4.8dB,即为 -57.8dBm$/\sqrt{\mathrm{Hz}}$,与载波电平 5.9dBm 进行比较,则变为 -63.7dBc$/\sqrt{\mathrm{Hz}}$。在数据表的曲线图上读取 100Hz 处的相位噪声约为 -65dBc$/\sqrt{\mathrm{Hz}}$,由此可知,这是较合适的结果。

3.4.8 锁相速度

照片 3.15 是对设定频率为 25.60MHz 与 26.24MHz 进行瞬

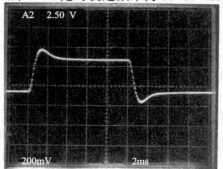

(a) 时间常数小

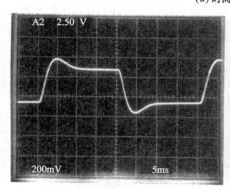 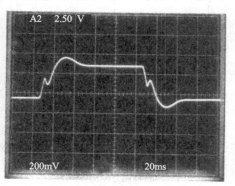

(b) 时间常数中等   (c) 时间常数大

照片 3.15 瞬态响应(振荡频率 25.60→26.24MHz)

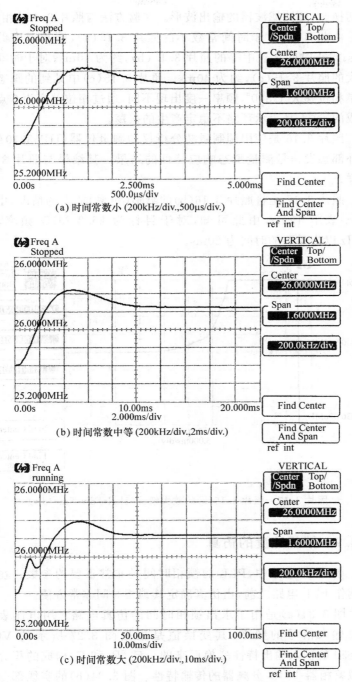

(a) 时间常数小 (200kHz/div.,500μs/div.)

(b) 时间常数中等 (200kHz/div.,2ms/div.)

(c) 时间常数大 (200kHz/div.,10ms/div.)

照片 3.16 使用调制磁畴分析仪测量的瞬态响应
(振荡频率 25.60→26.24MHz)

时切换时,环路滤波器的输出波形。实验方法与照片3.4的相同。

由此可知,对于时间常数小的照片3.15(a),锁相速度约为3ms;对于时间常数中等的照片3.15(b),约为10ms;对于时间常数大的照片3.15(c),约为40ms。照片3.15(c)中见到的瞬态尖峰是相位移大于360°,频率一度出现不同,通过相位差变为0点时形成的,这不是表示环路不稳定产生的振荡。

照片3.16是使用调制磁畴分析仪的测量仪器(HP53310A),用外部触发信号测量瞬态响应特性的结果。其结果与照片3.15一样。

照片3.17是将照片3.16(b)的纵轴(频率)放大的情况,由于1div.表示1kHz,由此可知,对于目标为26.24MHz频率,在1kHz以内需要的时间为20ms。

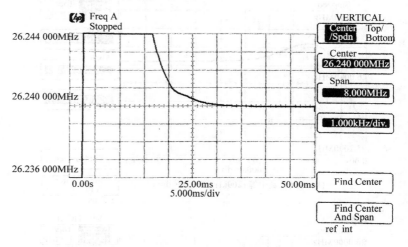

照片 3.17　照片3.16(b)的放大情况(1kHz/div,5ms/div)

3.4.9　锁相速度的仿真

在PLL电路中,PLL的锁相时间是非常重要的参数。在实际制作PLL电路之前,由仿真确定其锁相时间非常方便。

图3.34(a)是用于求出锁相时间的仿真电路。用电压表示PLL输入信号的频率,其变换值是根据图3.27所示的VCO POS50的输入输出特性变换而来的。E_1,R_i和C_i构成的积分器模拟鉴相器-VCO-分频器的传输特性。图3.34(b)的实线部分是鉴相器PC_2的输入输出特性。这里特性有点不太好,但对于锁定

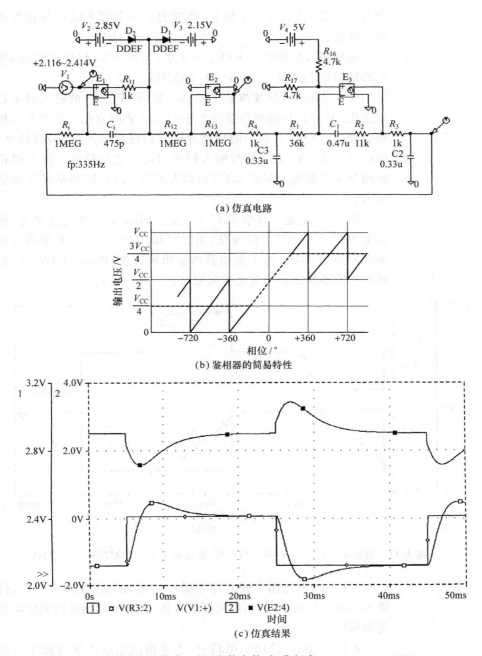

(a) 仿真电路

(b) 鉴相器的简易特性

(c) 仿真结果

图 3.34   瞬态响应的仿真(时间常数中等、振荡频率 25.60→26.24MHz)

以外的状态,可以假定为将鉴相器的输出进行平均化的虚线所示状态。用 R_{11}，D_1，D_2，V_2 和 V_3 构成的电压限幅来模拟鉴相器的饱和特性。

根据输入脉冲电压 $V(V_1:+)$ 为 $2.116\sim2.414V$ 的变化，相应的模拟输入频率为 $25.6\sim26.24MHz$。

图 3.34(c) 是仿真结果。在 5ms 处，$V(V_1:+)$ 的输入频率急剧变化，$V(E2:4)$ 的相位差在 $2.5\sim1.5V$ 之间变化。由于有该相位差输出，$V(R_3:2)$ 表示的环路滤波器的输出电压（即振荡频率）跟踪其变化，约 13ms 后与输入频率相同时进行锁定。这个锁相时间与实测数据的照片 3.15(b) 以及照片 3.16(b) 所示结果差别不大。

图 3.35 是输入频率在 $25.6\sim31.6MHz$ 之间变化的情况，输入电压在 $2.1\sim5V$ 之间变化，由此可知，$V(E2:4)$ 的鉴相器的输出限定为 $1.25V$。由于鉴相器的输出被限幅，因此，$V(R_3:2)$ 的环路滤波器输出斜率变化受到限定。

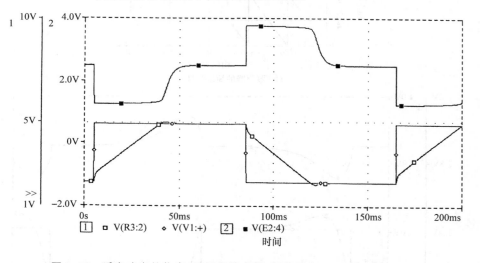

图 3.35 瞬态响应的仿真（时间常数中等、振荡频率 $25.60MHz\rightarrow31.6MHz$）

这样，PLL 电路中输入信号微小变化时为线性工作状态，若输入频率大幅度变化，则鉴相器被限幅，环路滤波器输出响应波形变为梯形。

在图 3.34(a) 的仿真电路中，不使用理想的运放而使用增益为 100 000 倍的电压源 E（电压控制的电压源）。这是由于理想运放的增益较大（为 160dB），而积分器与环路滤波器的低通增益合起来，超出了用 SPICE 进行仿真范围的缘故（产生误差）。为了避免产生这种误差,使用增益可自由设定的电压源 E。

用于测量频率变化形式的调制磁畴分析仪

人眼当然看不见电信号,将电信号变换为人们容易理解并显示出来的形式是测试仪器。经常所说的用示波器观测实时波形等,但示波器显示的波形当然不是电信号的本身。就是用横轴代表时间,纵轴代表电压值,将电压变化的形式变换为人们容易理解的形式,用示波器进行显示。

同样,频率作为纵轴,时间作为横轴,显示频率变化形式的是称为调制磁畴分析仪的仪器,如照片 3.A 所示。照片所示的这种调制磁畴分析仪与示波器一样,具有外触发功能。因此,若将 PLL 电路的频率设定信号作为触发源,观测 VCO 的输出信号,则能用调制磁畴分析仪正确而高分辨地显示出 PLL 电路进行锁相时的频率变化形式,如照片 3.8 所示。

用 VCO 的输入电压波形能简单地观测 PLL 电路的锁相形式,但 VCO 的输入信号为临界值时,若接入示波器,则 PLL 有可能发生跳动等。这时,VCO 的输出信号即使连到测试仪器上,对 PLL 的工作没有影响,也能稳定地测量准确的值。

照片所示的阿迪伦琴公司的 53310 还具有显示直方图的功能,用直方图也能表示跳动与频率的变化。

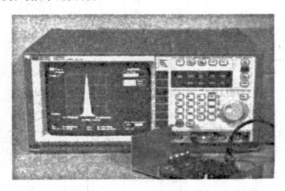

照片 3.A 调制磁畴分析仪(53310A,阿迪伦琴公司)

3.5 相位裕量不同时 PLL 电路的特性

在 3.2 节与 3.4 节的实例中,相位裕量预先设计为 50°左右。这里,研究一下相位裕量不同时,PLL 电路特性如何变化,并由实验进行验证。

3.5.1 用作实验的 50 倍频电路

图 3.36 是用作实验的电路,它是输入频率 50 倍频的 PLL 电路。电路中,U_1 为鉴相器,U_2 为 VCO,U_3 为分频器。鉴相器与 VCO 同图 3.11 时一样,使用例外封装的 IC。对于 1~7 输入端的设定值,分频器 U_3 的分频系数为 +1,这里为 50 倍频,因此,设定值为 49。

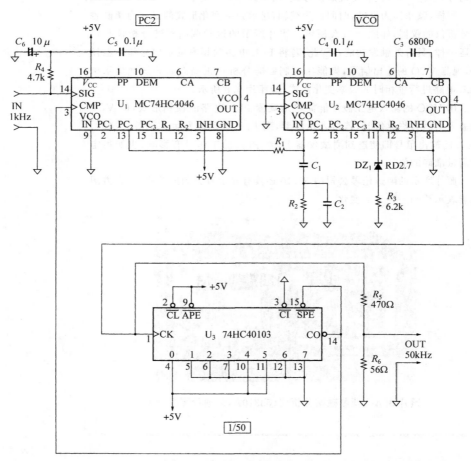

图 3.36 相位裕量的实验电路

稳压二极管 DZ_1 用于展宽 VCO 振荡频率的范围,本电路尤其需要这个稳压管,但进行其他实验时,可根据需要而接入这种稳压管(详细情况参照第 8 章)。

R_5 与 R_6 是用于使同轴电缆与频谱分析仪的输入阻抗(50Ω)匹配的电阻,若接到频谱分析仪的输入端,则有约 26dB 的衰减。

图 3.37 是本电路的 VCO 控制电压-振荡频率特性。

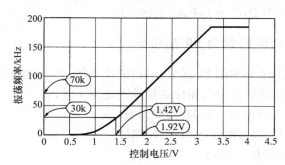

图 3.37 VCO 控制电压-振荡频率特性

3.5.2 环路滤波器的设计

这里也与 3.2 节一样,使用附录 B 的规格化曲线图对环路滤波器进行设计。首先,计算的 50kHz 时鉴相器、VCO 与分频器的合成传输特性 $f_{\text{vpn}}(50\text{kHz})$ 为:

$$f_{\text{vpn}(50\text{kHz})} = \frac{(72\text{kHz} - 30\text{kHz}) \cdot 2\pi}{(1.92\text{V} - 1.42\text{V})} \cdot \frac{5\text{V}}{4\pi} \cdot \frac{1}{2\pi \cdot 50}$$

$$= 638\text{Hz}$$

环路滤波器平坦部分的增益都按 $M = -20\text{dB}$(增益 0.1)进行设计。因此,开环($A_o \cdot \beta = 1$)时频率为 63.8Hz。

3.5.3 相位裕量为 40° 的设计

根据附录 B 中图 B.3(c)的曲线图,查找环路滤波器的相位滞后为 50°,相位裕量带宽比为 1 时,则有

$$f_H = 63.8 \times 2.1 \approx 134(\text{Hz})$$

$$f_L = 63.8 \times 0.622 \approx 39.68(\text{Hz})$$

这里,设 $R_2 = 10\text{k}\Omega$,

根据 $f_H = 134\text{Hz}$,求出 $C_2 = 119\text{nF}$

根据 $f_L = 39.68\text{Hz}$,求出 $C_1 + C_2 = 401\text{nF}$,$C_1 = 282\text{nF}$

$$R_1 = R_2 \times (10 - 1) = 90\text{k}\Omega$$

若推测电容值 $C_1 = 1\mu\text{F}$,则有

$$C_2 = 119\mathrm{nF} \times (1\mu\mathrm{F}/282\mathrm{nF}) = 422\mathrm{nF}$$
$$R_1 = 90\mathrm{k}\Omega \times (282\mathrm{nF}/1\mu\mathrm{F}) = 25.38\mathrm{k}\Omega$$
$$R_2 = 10\mathrm{k}\Omega \times (282\mathrm{nF}/1\mu\mathrm{F}) = 2.82\mathrm{k}\Omega$$

由 E24 系列选择电阻,由 E12 系列选择电容,则有 $R_1 = 27\mathrm{k}\Omega, R_2 = 3\mathrm{k}\Omega, C_1 = 1\mu\mathrm{F}, C_2 = 390\mathrm{nF}$。

3.5.4 相位裕量为 50°的设计

根据附录 B 中图 B.3(b) 和 (c) 的曲线图,由查找可知环路滤波器的相位滞后为 40°、相位裕量带宽比为 1 时,有

$$f_\mathrm{H} = 63.8 \times 2.54 \approx 162.1\mathrm{Hz}$$
$$f_\mathrm{L} = 63.8 \times 0.435 \approx 27.75\mathrm{Hz}$$

这里,设 $R_2 = 10\mathrm{k}\Omega$,

根据 $f_\mathrm{H} = 162.1\mathrm{Hz}$,求出 $C_2 = 98.18\mathrm{nF}$

根据 $f_\mathrm{L} = 27.75\mathrm{Hz}$,求出 $C_1 + C_2 = 573.5\mathrm{nF}, C_1 = 475.3\mathrm{nF}$

$$R_1 = R_2 \times (10-1) = 90\mathrm{k}\Omega$$

若推测电容值 $C_1 = 1\mu\mathrm{F}$,则有

$$C_2 = 98.18\mathrm{nF} \times (1\mu\mathrm{F}/475.3\mathrm{nF}) = 206.6\mathrm{nF}$$
$$R_1 = 90\mathrm{k}\Omega \times (475.3\mathrm{nF}/1\mu\mathrm{F}) = 42.78\mathrm{k}\Omega$$
$$R_2 = 10\mathrm{k}\Omega \times (475.3\mathrm{nF}/1\mu\mathrm{F}) = 4.753\mathrm{k}\Omega$$

由 E24 系列选择电阻,由 E12 系列选择电容,则有 $R_1 = 43\mathrm{k}\Omega, R_2 = 4.7\mathrm{k}\Omega, C_1 = 1\mu\mathrm{F}, C_2 = 220\mathrm{nF}$。

3.5.5 相位裕量为 60°的设计

根据附录 B 中图 B.3(b) 和 (c) 的曲线图,查找当环路滤波器的相位滞后为 60°、相位裕量带宽比为 1 时,有

$$f_\mathrm{H} = 63.8 \times 3.4 \approx 216.9\mathrm{Hz}$$
$$f_\mathrm{L} = 63.8 \times 0.31 \approx 19.78\mathrm{Hz}$$

这里,设 $R_2 = 10\mathrm{k}\Omega$,

根据 $f_\mathrm{H} = 216.9\mathrm{Hz}$,求出 $C_2 = 73.38\mathrm{nF}$

根据 $f_\mathrm{L} = 19.78\mathrm{Hz}$,求出 $C_1 + C_2 = 804.6\mathrm{nF}, C_1 = 731.2\mathrm{nF}$

$$R_1 = R_2 \times (10-1) = 90\mathrm{k}\Omega$$

若推测电容值 $C_1 = 1\mu\mathrm{F}$,则有

$$C_2 = 73.38\mathrm{nF} \times (1\mu\mathrm{F}/731.2\mathrm{nF}) = 100.4\mathrm{nF}$$
$$R_1 = 90\mathrm{k}\Omega \times (731.2\mathrm{nF}/1\mu\mathrm{F}) = 65.81\mathrm{k}\Omega$$
$$R_2 = 10\mathrm{k}\Omega \times (731.2\mathrm{nF}/1\mu\mathrm{F}) = 7.312\mathrm{k}\Omega$$

由 E24 系列选择电阻,由 E12 系列选择电容,则有 $R_1 = 68\text{k}\Omega, R_2 = 7.5\text{k}\Omega, C_1 = 1\mu\text{F}, C_2 = 100\text{nF}$。

3.5.6 频率特性的仿真

现考察一下,根据计算得到的环路滤波器的常数,对环路滤波器的频率特性进行仿真。仿真结果如图 3.38 所示。

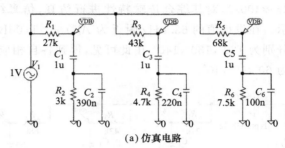

(a) 仿真电路

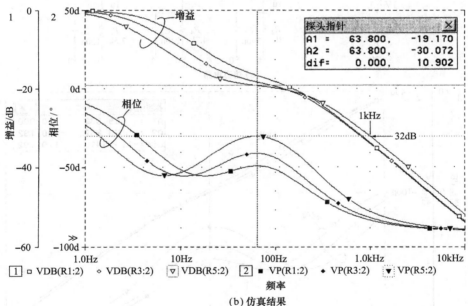

(b) 仿真结果

图 3.38 相位裕量设计为 $30°,40°,50°$ 时环路滤波器的仿真

由仿真结果可知,开环预定频率为 63.8Hz 时,相位返回量最大,各自相位滞后约为 $30°,40°,50°$。f_C 与 f_L 只差 10 倍,因此,相位滞后设计值为 $50°$ 时,频率为 63.8Hz,增益偏移有点大,为 -20dB。

为使其准确保持一致，根据仿真结果，在 63.8Hz 处增益为
−20dB 时对 R_2 值进行补偿，可重新计算出 f_L 与 f_H。然而，从环
路的稳定性考虑，这种程度的偏移也不会出现障碍。

对于输出波形中寄生成分影响较大的 1kHz 相位比较频率的
衰减量，在相位滞后为 30°时其设计值最小，约为 32dB。

用积分器模拟鉴相器、VCO 与分频器（积分常数为 638Hz×
$2\pi \approx 4009$），对其综合传输特性进行仿真，仿真结果如图 3.39 所
示。在设计值的 63.8Hz 附近为 $A_\circ \cdot \beta = 1(0\text{dB})$，这时相位滞后
分别为 120°，130°，140°，由此可见，得到各自相应目的的相位裕量
为 60°，50°，40°。

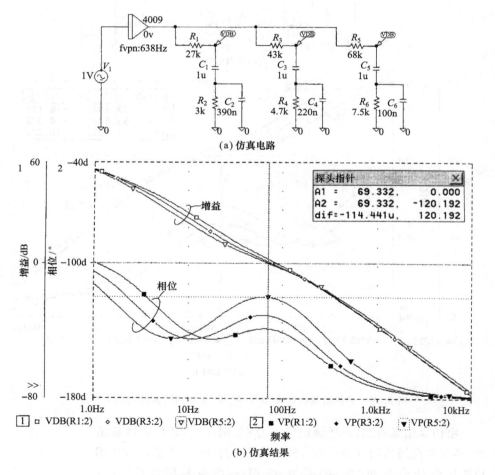

图 3.39 综合传输特性的仿真

3.5.7 输出波形的频谱

使用频谱分析仪观测实际制作的图 3.36 电路的输出波形,观测结果如照片 3.18 至照片 3.20 所示,可以按 10kHz 数据间隔读取相位比较频率中的寄生成分,按 1kHz 数据间隔读取输出频率附近的相位噪声量。

若在振荡频率为 50kHz 的 VCO 直流控制电压中,有 1kHz 成分以及高次谐波成分的交流纹波,则由 1kHz 以及高次谐波进行 FM 调制,在 50kHz±1kHz 以及 50kHz($n \times$1kHz)频率中产生寄生成分。

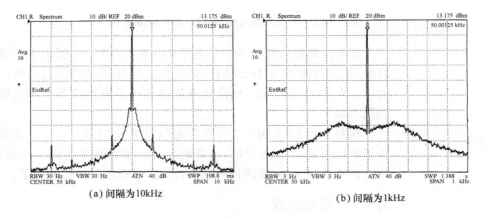

(a) 间隔为 10kHz   (b) 间隔为 1kHz

照片 3.18 相位裕量与输出频谱(相位裕量为 40°)

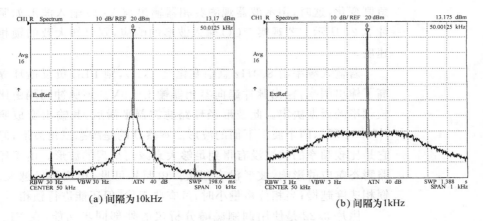

(a) 间隔为 10kHz   (b) 间隔为 1kHz

照片 3.19 相位裕量与输出频谱(相位裕量为 50°)

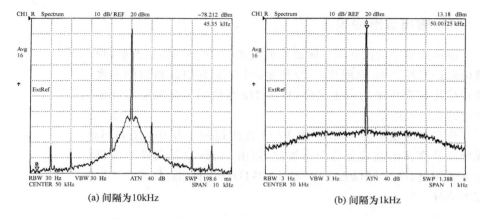

(a) 间隔为10kHz   (b) 间隔为1kHz

照片 3. 20 相位裕量与输出频谱(相位裕量为 60°)

在相位裕量设计为 60°的环路滤波器中,相位比较频率的衰减量最小,因此,50kHz±1kHz 的寄生成分最多,如照片 3.20(a)所示。在 1kHz 间隔时,相位噪声量也表示了输出波形中不规则的跳动量。

在照片 3.18(b)中,相位噪声的频谱变成"耸肩"样子。这是由于相位裕量小,而在 PLL 电路的闭环频率特性中出现了峰值,在这种峰值频率处,噪声被增强了,因此,呈现出"耸肩"的样子。

3.5.8 锁相速度

输入频率在 800Hz 与 1kHz(输出频率为 40kHz 与 50kHz)间急剧变化,这时,用示波器观测鉴相器输出与 VCO 输入波形如照片 3.21 所示。若观察 VCO 输入波形的响应,则可知大致的锁相速度。

若输入频率由 800Hz 急剧变化至 1kHz,则 PLL 负反馈环提高了输出频率,输出脉冲趋向鉴相器输出+5V。该脉冲间隔由比较频率的周期决定。此波形经环路滤波器平滑后,其输出变成照片 3.21 所示两个波形下面的波形。观察到的是瞬态三角波形,但它是比较频率的纹波没有得到足够大衰减而呈现的波形。由于环路瞬态响应的影响,波形没有起伏。由照片可见,相位裕量越大,锁相速度越慢;当相位裕量小时,虽有些起伏,但还能进行锁相。

照片 3.22 是使用调制磁畴分析仪的外部同步功能,在 PLL 电路的输入频率急剧变化时,测量输出频率的变化情况。在进行这种测量时,Y 轴为频率,X 轴为时间。若将相位裕量为 40°与

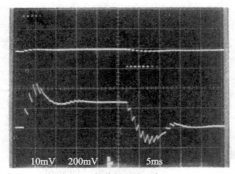

(a) 相位裕量为40°

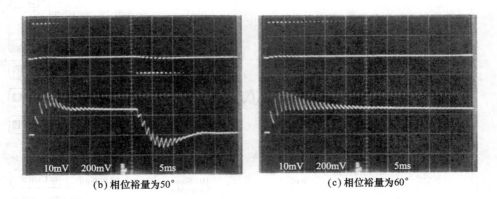

(b) 相位裕量为50° (c) 相位裕量为60°

照片 3.21 相位裕量不同时 VCO 输入波形的变化

50°进行比较,可见相位裕量为 40°时,由于频率有些起伏变化,因此,锁相时间稍长一些。

相位裕量为 60°时,时间轴改变了,若超调频率一旦变慢,则收敛于设定频率,锁相时间变得最长。

3.5.9 PLL 电路最适用的相位裕量(40°~50°)

由到目前为止提供的数据可知,根据一般 PLL 电路的锁相时间、输出波形频谱的形式,设计相位裕量为 40°~50°时,其效果最好。另外,由实验可知,PLL 电路的相位裕量为多少时,肯定出问题,因此,不能这样设计。

照片 3.23 和照片 3.24 是有意设计相位裕量为 20°的实验结果。当输入频率急剧变化时,由于环路不稳定而发生较大的振荡,致使锁相时间变长。另外,在闭环增益特性中,出现较大峰值,由此可见,在相位噪声频谱中也出现较大峰值。

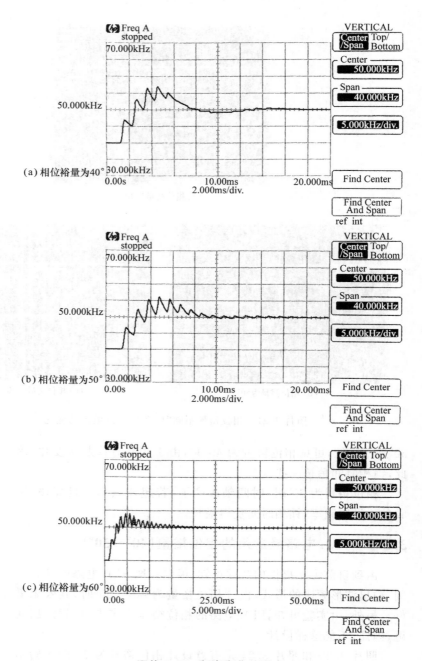

照片 3.22 频率变化的形式

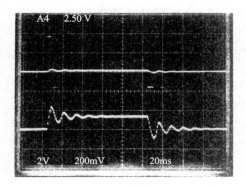

照片 3.23 相位裕量为 20°时瞬态响应

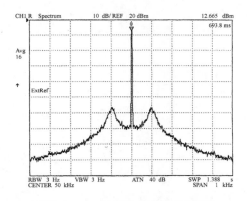

照片 3.24 相位裕量为 20°时频谱

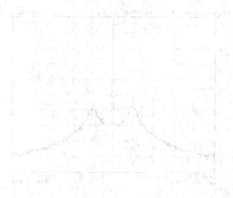

第 4 章
4046 与各种鉴相器

(PLL 电路中使用的重要器件的基础知识)

本章以众所周知的 PLL 重要器件为例,介绍片内鉴相器的特性及不同类型。另外,还介绍有关其他鉴相器 IC 的典型器件。

4.1 PLL 的重要器件 4046

4.1.1 PLL 的入门器件

收音机与电视接收机、通信设备等的一部分功能是使用 PLL 电路实现的,大部分是使用专用的 PLL IC(定制 LSI)。然而,在生产数量少,而品种多的产业用设备中,不希望使用专用定制的

1.从左至右为74HCT9046(飞利浦公司),74VHC4046(National Semiconductor),MM74HC4046(National Semiconductor),HD 14046(日立公司)

2.从左至右为MC74HC4046(在线半导体公司),CD74HC4046(德克萨斯仪器仪表公司),CD 74HC4046(RCA公司),CD4046(RCA公司)

照片 4.1 各公司发布的 4046 的外型

LSI。一般来说,设计人员先要选择构成 PLL 电路各框图的器件,从而进行电路设计。这时,最初选择的 IC 被称为重要的通用器件 4046。

通用 PLL IC 始于现在的飞利浦公司的 NE565,而作为重要器件的 IC 称为 4046。原来的 CD4046 是 RCA 公司(现在已不存在了)开始生产的 4000 系列通用逻辑 IC 中的一种。其后,各公司成为第二厂商。现在,除 4000 系列以外,还有照片 4.1 所示的 74HC,74HCT,74VHC 等多种类型的 4046。

74HC4046 的逻辑输入输出电平与 74HC00 等的 HCMOS 相同。HCT 是输入电平与 TTL 相同的器件,VHC(Very High speed CMOS)是 HC 的响应速度改善型器件。另外,原 4046 的电源电压可以达到+15V,其他类型为+5V 左右,因此,使用时要注意这一点。

4.1.2 4046 的三种类型

若对各种 4046 进行分类,除了原 4000 系列以外,还有 74HC/74VHC,74HCT9046 等三种类型。其内部构成与引脚配置稍有不同,如图 4.1 所示,不同的引脚是 1 脚与 15 脚。

在 4000 系列片内有用于电源稳压的稳压二极管,74HC/74VHC 片内没有这种二极管,而有鉴相器 TYPE3。74HCT9046 中的鉴相器 TYPE2 为电流输出型,为此,在其 15 脚接入用于电流控制的电阻 R_b。

特别指出的是,在 74HHCT9046 中为了避免 VCO 与鉴相器之间干扰,将 GND(V_{SS})各自分为 8 脚和 1 脚。另外,4046 中 5 脚的 INHIBIT(禁止功能)只是对 VCO 进行控制,而在 74HCT9046 中,这种功能对鉴相器 PC$_2$ 与 VCO 一样同时有效。因此,禁止功能有效时,不只是鉴相器 PC$_2$ 不动作,VCO 也不动作。

4.1.3 74HC4046 片内三种鉴相器

74HC4046 如图 4.1(c)所示,它由一个 VCO 和三种鉴相器构成。因此,只要在外部增设分频器与环路滤波器用 R 和 C,就可以构成 PLL 频率合成器。

三种鉴相器的工作原理如图 4.2 所示,其工作原理各不相同,增益也不同。这三种鉴相器不能同时使用,要根据应用不同,选用其中一种。对于图 4.2 所示输入输出特性的直流输出电压,它是

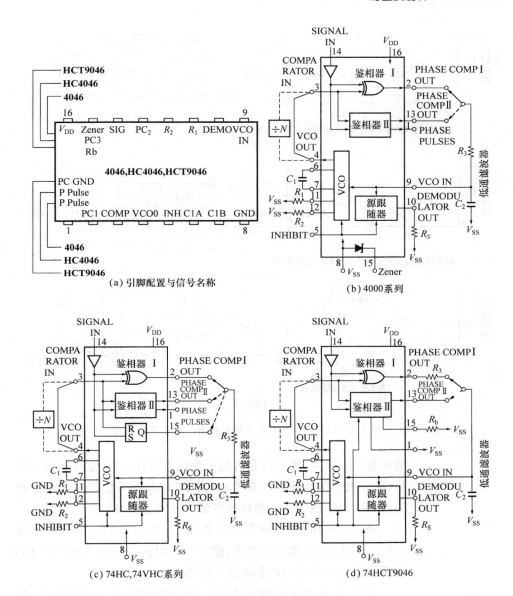

图 4.1 各种 4046 内部的不同构成

用低通滤波器(环路滤波器)对鉴相器输出脉冲进行足够平滑,将其变换成直流电压。

鉴相器 PC_1 是由异或门构成的。因此,输入波形的占空比不是 50% 时,其增益不同。原则上使用占空比为 50% 的波形。

PC_2 和 PC_3 是输入波形上升沿触发工作,为此,若在输入波

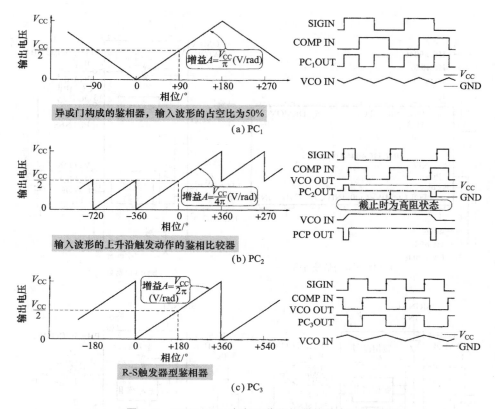

图 4.2　74HC4046 片内三种鉴相器的基本工作原理

形中叠加有噪声,则工作有可能不稳定。另外,PC$_1$ 是电平触发工作,输入波形中即使叠加有噪声,对 PLL 工作不稳定的影响也较小,因此,可以说它是一种抗噪声能力强的鉴相器。

在三种鉴相器中,最常用的是 PC$_2$。PC$_1$ 和 PC$_3$ 鉴相器不能进行频率比较,锁相范围较窄,而 PC$_2$ 可以进行频率比较,在 VCO 振荡频率的全部范围内都能进行锁相。

另外,输入相位差为 0 时,PC$_2$ 鉴相器的输出为高阻状态,鉴相器无输出脉冲。为此,即使环路滤波器在频率高端衰减量少而时间常数小时,在 VCO 输出波形中也很少出现比较频率的寄生成分,与其他鉴相器相比,可以提高锁相速度。

使用 PC$_2$ 的最大问题是重复操作,由于使用输入波形上升沿触发其工作,当输入波形中混进脉冲噪声时,PLL 不能稳定工作。因此,实际组装电路时,PC$_2$ 的输入不能混进噪声,这样,需要充分注意印制电路板的图案。另外,对于 PC_2 以及以后章节中介绍的死区问题,也要注意这点。

PC_3 是由 R-S 触发器构成的,使用输入波形上升沿触发使其工作,因此,输入波形的占空比不会影响鉴相器的增益。然而,不能像 PC_2 那样判别频率,因此,锁相范围变窄。

4.1.4 4046 片内 VCO 的特性

4046 片内 VCO 是一种由 RC 充放电使其振荡的多谐振荡器式 VCO,振荡频率范围宽,它与 LC 振荡器以及文氏电桥式 RC 振荡器相比较,频率跳动等相位噪声有关特性有些劣化。

4046 最高振荡频率随厂家有些不同,4000 系列中 4046 的最高振荡频率约为 1MHz,74HC 系列中 74HC4046 约为 10MHz。

4046 片内 VCO 如图 4.3 所示,它由输入电压变换为电流部分与切换电容充电电压形成的电流方向的振荡部分所组成。

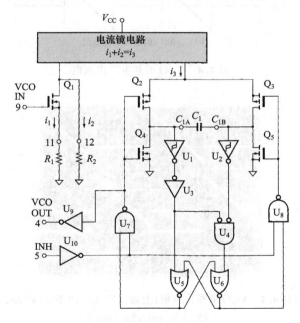

图 4.3 4046 片内 VCO 的构成框图

若在 VCO IN 加电压,则由 R_1 决定的与输入电压成比例的电流 I_1 流通。由于接有 R_2,因此,也可以有偏置电流 I_2 流通。振荡频率与 I_1 和 I_2 之和成比例。这样,接入 R_2,有 I_2 电流流通,由此,最低振荡频率被抬高,振荡频率范围变窄。需要在宽频率范围

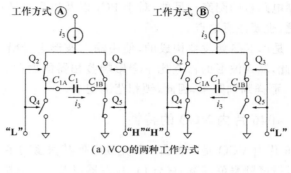

(a) VCO的两种工作方式

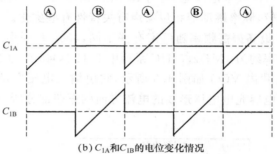

(b) C_{1A} 和 C_{1B} 的电位变化情况

图 4.4 VCO 的基本工作原理

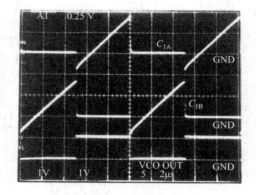

照片 4.2 VCO 的输出波形(上面:1V/div.;中间:1V/div.;
下面:5V/div.,2μs/div.)

内进行振荡时,不用接 R_2。

图 4.4 表示 4046 的基本工作原理。图中,电流镜电路将 I_1 和 I_2 变换为 I_3,驱动 4 个 FET $Q_2 \sim Q_5$,使其交互通/断工作。

首先,当 U_7 输出低电平,U_8 输出高电平时,图 4.4(a)中 A 所

示方向的电流 I_3 流通。于是,C_{1A} 端子电压升高,C_{2A} 端子变为地电位。C_{1A} 端子电压升高到一定值时,U_5 和 U_6 构成的双稳态多谐振荡器翻转,电流方向改变,如图 4.4(a) 中 B 所示。这样,A 和 B 状态不断重复,而以一定频率形成振荡。

照片 4.2 表示 100kHz 振荡时,电容两端的电压与输出波形。若比例系数为 K,则振荡频率可由下式求出。

$$f_{vco} = K((I_1 + I_2)/C)$$

式中,K 随厂家不同而异。尤其是控制电压在 1V 以下时,线性随厂家有较大的不同,需要注意这一点。请参考附录 B 中图 B.10 所示的各厂家 4046 的输出频率–控制电压特性。不管何种理由改变厂家提供的数据时,还需要重新设计环路滤波器中 R、C 常数。

这不限于 4046,VCO 的振荡频率为 100kHz 以上时,在分布电容等实际组装的条件不同情况下,特性也会发生变化。当频率升高时需要充分注意这一点。

4.2 鉴相器的工作要点

4.2.1 模拟鉴相器

鉴相器是 PLL 电路中的电路,原理上可用乘法器构成。如图 4.5 所示,若将频率 ωt 相同,而相位不同的信号(正弦波)进行乘法运算,则根据三角函数公式,变换为直流加上 2 倍原频率的交流

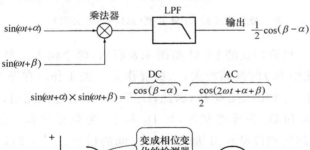

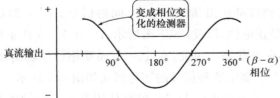

图 4.5 乘法器作为鉴相器的工作情况

信号。若用低通滤波器滤除交流成分,则变成了由相位改变直流电压的鉴相器的工作电路。

然而,这种模拟乘法器的输出电压还随输入信号振幅而变化,因此,作为鉴相器的增益受到振幅变化的影响,这是其缺点,因而很少使用。然而,在输入信号中包含噪声等特殊的 PLL 电路中使用这种乘法器。

作为构成这种乘法器的器件有使用如图 4.6 所示二极管的 DBM(Double Balanced Mixer)和图 4.7 所示半导体集成电路的 DBM。

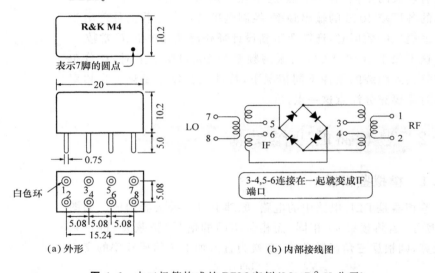

(a) 外形　　　　　　　　　　　　　　(b) 内部接线图

图 4.6　由二极管构成的 DBM 实例(M4,R&K 公司)

由二极管构成的 DBM 如图 4.8 所示,两个输入信号中一个信号(图中 S_2)的振幅较大,二极管作为开关工作。在图 4.8(a) 中,由于 T_3 加的是正电位,因此,D_1 和 D_4 中有电流流通,如下图所示,D_1 和 D_4 为导通状态,而 D_2 和 D_3 为截止状态。由此,在 T_5-T_6 间同相位呈现出 加在 T_1-T_2 间的信号。图 4.8(b)中,由于 T_4 加的是正电位,因此,如下图所示,D_1 和 D_4 为截止状态,而 D_2 和 D_3 为导通状态。由此,在 T_5-T_6 间反相位呈现出加在 T_1-T_2 间的信号 。表示这种信号的变化形式如图 4.9 所示。

对于由二极管构成的 DBM,根据使用方法不同的各端口,有称为 RF(高频输入端)、LO(本振输入端)、IF(中频输出端)等名称,由电路构成可知,这些端口都可能作为信号输入和输出端。因

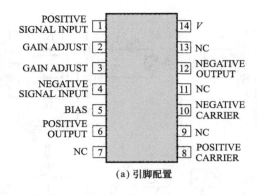

(a) 引脚配置

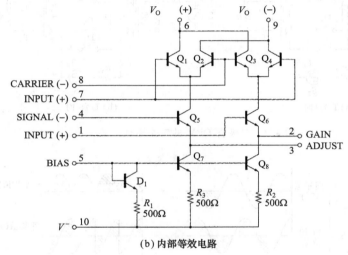

(b) 内部等效电路

图 4.7 由半导体集成电路构成的 DBM 实例（MC1496，摩托罗拉公司）

此，可在一个端口加较小信号，在另一个端口加较大信号，而从剩下的一个端口中取出信号。

直接接到二极管的 IF 端口可以处理的仅是直流信号，因此，当作为鉴相器使用时，RF 和 LO 端口用作输入端，IF 端口用作输出端。

理想乘法器的输出端不会呈现输入频率成分，但对于实际的 DBM，在输出端漏泄有少量输入的频率成分。这是作为隔离特性所规定的，其特性实例如图 4.10 所示。

图 4.7 所示半导体集成电路构成的 DBM 有一定大小的增益，驱动信号电平较小。然而，这与二极管构成的 DBM 相比，在宽频率范围内确保有良好的隔离特性比较难。

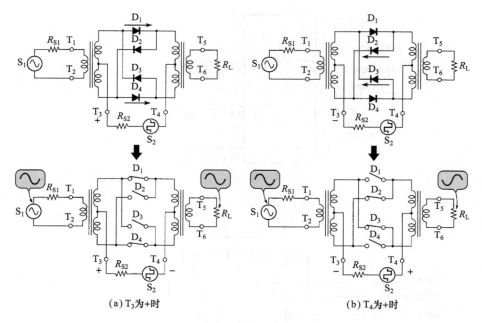

图 4.8 二极管 DBM 的工作原理

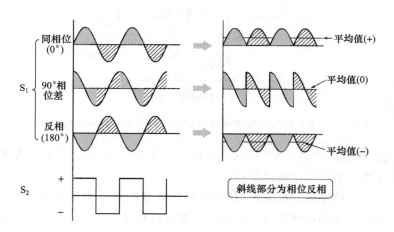

图 4.9 二极管 DBM 的工作波形

4.2.2 数字鉴相器

若用数字电路实现这种乘法运算,则变成如图 4.11 所示的异或门电路。二个输入信号都是数字信号,因此,不会发生振幅引起鉴相器增益的变化,但占空比偏移 50% 时,增益会发生变化。

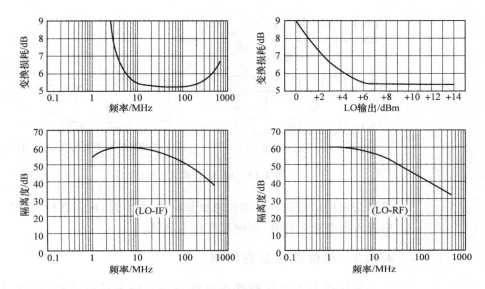

图 4.10 二极管构成的 DBM 特性实例(M4,R&K 公司)

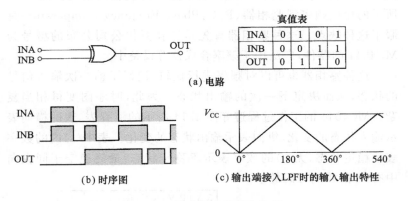

真值表

INA	0	1	0	1
INB	0	0	1	1
OUT	0	1	1	0

(a)电路

(b)时序图

(c)输出端接入LPF时的输入输出特性

图 4.11 异或门进行相位比较

输入相位差为 0 时,输出为 0V;相位差为 90°时,若将输出平均化,则输出为电源电压的一半;相位差为 180°时,输出等于电源电压。

消除输入占空比影响可采用图 4.12 所示由 RS 触发器构成的鉴相器,在 0°～360°范围内,输出为 0V 至电源电压时,可得到线性输入输出特性。

但是,由于使用输入波形的边沿检测相位,因此,若在输入信号中混入细小噪声脉冲,则引起电路误动作。而异或门构成的鉴

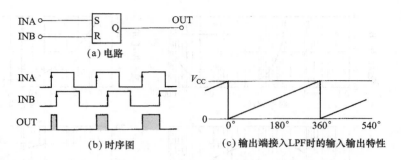

图 4.12　RS 触发器进行相位比较

相器是使用信号占有的面积来检测相位差,因此,即使在输入信号中混入细小噪声脉冲,影响程度也会降低。

4.2.3　相位频率型鉴相器

到目前为止介绍的鉴相器都不是对频率进行比较,在使用 PLL 时,若频率偏移较大,则出现不能进行锁相的情况。图 4.13 所示的相位频率型鉴相器(PFC:Phase Frequncy Comparator)克服了这种缺点。这种鉴相器首先是摩托罗拉公司公布的型号为 MC4044 的器件,广泛用于频率合成器等设备中。

这种鉴相器也可以对频率进行比较,记忆了前一次输入信号的状态,从而决定下一次的输出状态。为此,时序图变得相当复杂。MC4044 的工作过程遵守图 4.14 所示的流程表,表的横向表示输入状态的变化,纵向表示输出状态的变化。表中( )内的数字表示稳定状态,无( )的数字表示不稳定状态,最终稳定于同纵向中有( )的相同号码的值。

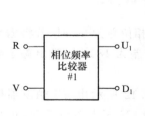

R-V	R-V	R-V	R-V	U_1	D_1
0-0	0-1	1-1	1-0		
(1)	2	3	(4)	0	1
5	(2)	(3)	8	0	1
(5)	6	7	8	1	1
9	(6)	7	12	1	1
5	2	(7)	12	1	1
1	2	7	(8)	1	1
(9)	(10)	11	12	1	0
5	6	(11)	(12)	1	0

图 4.14　MC4044 的流程表

现以图 4.14 所示的流程表为例说明其工作原理,R-V 的 1-0 中(4)的状态为稳定状态,这时,输出 U_1-D_1 为 0-1。若由这种状

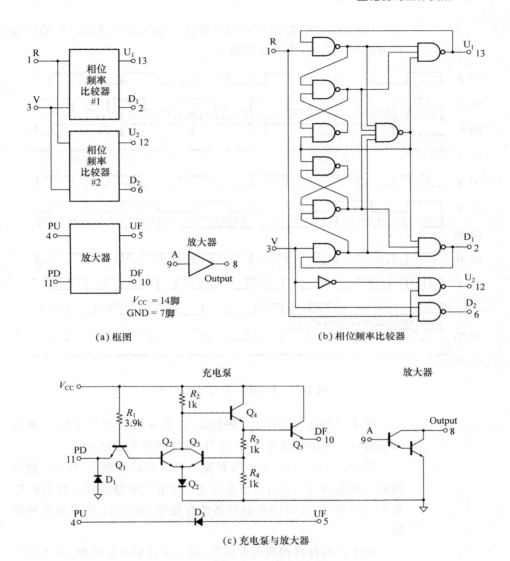

图 4.13 鉴相器 MC4044(摩托罗拉公司)

态变化为 R-V 中的 1-1,则变为左边 3 的状态,而这种状态是不稳定的。因此,稳定于同纵向中(3)的状态,这时,输出 U_1-D_1 为 0-1 若输入变为 0-1,也稳定于左边(2)的状态,输出不变。若输入变为 0-0,则立即变为左边 5 的状态,由于这种状态是不稳定的,因此,稳定于同纵向下面的(5)状态,这时输出变为 1-1。

当输入信号无相位差时,U_1-D_1 输出为原来的 1-1,不会变为 0-0。将这样的工作过程归纳在时序图中,如图 4.15 所示。图中,

(a),(b),(c),(d)为 R 输入相位超前 V 输入的场合,仅 U_1 输出趋向 0 的脉冲,D 输出为原来的 1。

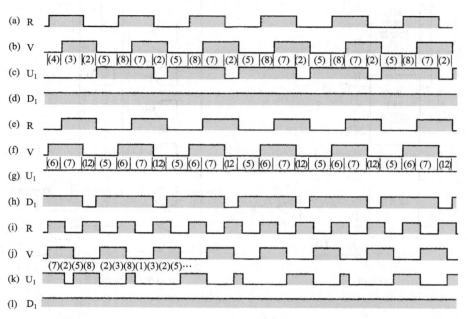

图 4.15 MC4044 的时序图

图中,(e),(f),(g)与上述相反,它是 R 输入相位滞后 V 输入的场合,U_1 输出为原来的 1,仅 D_1 输出趋向 0 的脉冲。

图中,(i),(j),(k),(l)为 R 输入频率较高的场合,仅 U_1 输出趋向 0 的脉冲,D_1 输出为原来的 1。仅用门电路实现这样的时序是不可能的,需要用内有触发器的存储器 MC4044 来实现这种功能。

由于内有这样构成的存储器,瞬时切换输入信号时,输入信号绕过一圈还不能进行正常的相位比较动作。另外,两个输入信号频率的变化不能完全相同时,根据时序不能进行正常的相位比较动作。

这种鉴相器通过称为充电泵的驱动电路,控制积分器或 RC 环路滤波器。这种充电泵的 PD 输入为 0 时,Q_1 为饱和导通状态,Q_2 为截止状态,Q_3 为放大工作状态。Q_3 的基极电位由 D_2 限制为 $2V_{be}$,由于 $R_3 = R_4$,因此,Q_4 的发射极电位为 $4V_{be}$,这样,Q_5 的发射极电位 DF 为 $3V_{be}$。PU = 0 时,只是 D_3 为导通状态,因此,UF 电位变为 V_{be}。

充电泵电路如图 4.16(a)所示连接时,输入输出特性如图 4.16(b)所示。在＋360°以上与－360°以下时,输出电压不同,由此可知,对频率也可以进行比较。

也许有人认为输出电压中有些奇异值,这是加上了后接的有源滤波器的阈值电压造成的,这种有源滤波器是使用 2 个晶体管构成的达林顿方式。

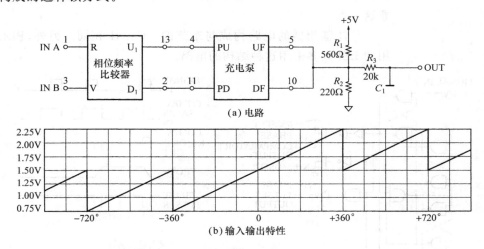

(a) 电路

(b)输入输出特性

图 4.16 鉴相器与充电泵的连接方式

4.2.4 4046 中 PC_2 型鉴相器

用 CMOS 替代 MC4044 相位频率比较电路,输出变为三态电路,如图 4.17 所示,这是在 4046 中使用 PC_2 的鉴相器。当 A 输入信号的相位滞后时,仅是输出 P 沟道 MOSFET 导通,输出脉冲几乎为电源电压。相反,当 B 输入信号的相位滞后时,仅是 N 沟道 MOSFET 导通,输出脉冲几乎为 0。当这两个输入信号同相位时,N 沟道和 P 沟道两个 MOSFET 都截止,输出为高阻状态。

接入 RC 无源滤波器时,鉴相器的两个输入信号同相位,PLL 锁定为高阻状态,环路滤波器中电容存储的直流电压加到 VCO 上,由于无比较频率成分,因此,可得到无纹波的优质直流电压。当然,实际上由于漏电流的影响,电容的电压有些变化,因此,补偿漏电流的较小脉冲是由鉴相器供给,而完全没有纹波成分,但与其他鉴相器相比,比较频率的纹波成分非常少。

由于这种鉴相器是由 CMOS 构成的,因此,输出在 0~V_{cc} 之间变化,即使采用仅由 R,C 构成的无源环路滤波器,VCO 的控制电压范围也可以达到接近 V_{cc},其输入输出特性如图 4.17(c) 所示。

4046 中 PC$_2$ 是用输入信号上升沿触发使其动作,因此,若在输入中混入细小脉冲,使信号上升沿出现延迟,则电路发生误动作。输入信号的来回引线要最短,不要混入其他数字信号,务必注意这一点。

单体鉴相器的电路构成与东芝的 TC5081 相同。另外,PLL用的 LSI 大多采用这种结构的电路。

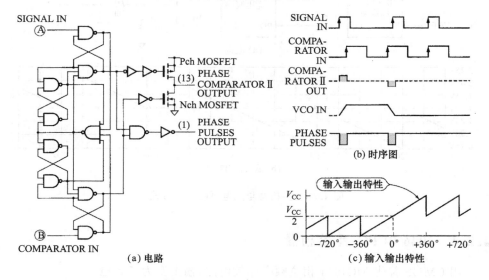

图 4.17 4046 中 PC$_2$ 型鉴相器

4.2.5 死 区

CMOS 逻辑 IC 的基本构成如图 4.18 所示,它是 P 沟道MOSFET 与 N 沟道 MOSFET 互补连接构成的电路。输入电压为高电平时,N 沟道 MOSFET 导通,P 沟道 MOSFET 截止,输出为低电平。输入电压为低电平时,N 沟道 MOSFET 截止,P 沟道MOSFET 导通,输出为高电平。

当输入电平为电源电压的一半时,若 N 沟道和 P 沟道 MOS-FET 都导通,则有贯通电流由电源至地流通。为此,输入电平为中间电位时,N 沟道和 P 沟道 MOSFET 都要为截止状态。

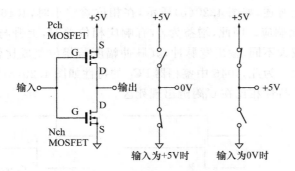

图 4.18 CMOS 逻辑电路的基本构成

在图 4.19 所示的 4046 中,鉴相器 PC_2 的输出也是这种构成,但相位差为 0 时,保持为高阻状态(N 沟道和 P 沟道 MOSFET 都截止),因此,N 沟道和 P 沟道 MOSFET 的驱动电路是独立的。当然,4046 的响应速度有限(74HC4046 约为 50ns,100kHz 约相当于 1.8°),频率高而相位差小时,输出不变。

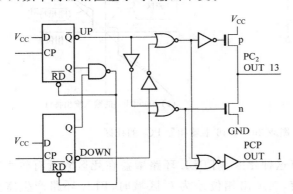

图 4.19 4046 中鉴相器 PC_2 的构成框图

一般输出为脉冲波形时,一定会通过信号源阻抗对接在输出端的分布电容进行充放电,这时,脉冲波形的上升/下降时间由于信号源与分布电容的影响而变长。

如图 4.20(a)所示,4046 中鉴相器输出导通(高电平)时,P 沟道 MOSFET 的导通电阻(几十欧姆左右)与鉴相器输出电路的分布电容决定输出信号的上升时间。而输出截止(高阻抗)时,鉴相器输出电路的阻抗(环路滤波器的 R_1 所支配)与分布电容决定输出信号的下降时间。环路滤波器的 R_1 一般比 MOSFET 导通电阻要大得多。为此,PC_2 输出脉冲的上升与下降有较大时间差。

由上所述,如图 4.20(b)所示,在相位差较小时,4046 中鉴相器 PC$_2$ 无响应。因此,增益为 0,有响应相位差时,上升与下降的时间有较大不同,输出宽脉冲,其脉冲幅度与相位差成比例,等效增益增大。为此,4046 中鉴相器 PC$_2$ 的特性如图 4.20(c)所示,与理想响应特性相比在 0°附近出现死区。

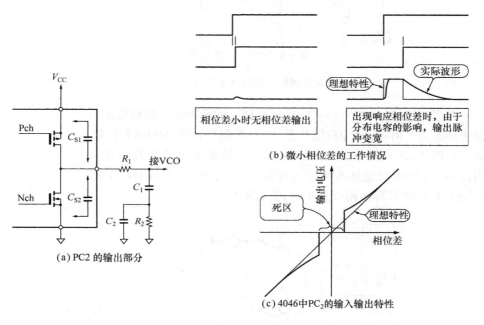

(a) PC2 的输出部分

(b) 微小相位差的工作情况

(c) 4046 中 PC$_2$ 的输入输出特性

图 4.20 4046 中鉴相器 PC$_2$ 的死区

若有这种死区,则 PLL 环路增益在死区附近有较大变化,控制不稳定,在进出相位差为 0°区域时,PLL 环路产生寄生振荡。由于这种寄生振荡的出现,PLL 输出信号中将产生寄生成分,由于这种寄生振荡,输出频率产生周期性的漂移。

4.2.6 电流输出型鉴相器

没有 PC$_2$ 型鉴相器中的死区方案是图 4.21 所示的电流型鉴相器,这是在输出端增设恒流电路,即使 P 沟道与 N 沟道的 MOSFET 同时导通,也不会有大于恒流电路决定的贯通电流流通,可以看作 P 沟道与 N 沟道的 MOSFET 同时截止的状态。为此,很难出现死区,可以构成高精度的 PLL。

内含有这种类型鉴相器 IC 的有飞利浦公司的 74HCT9046

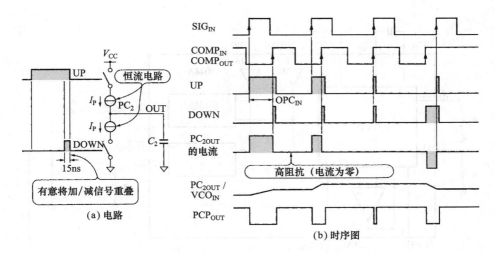

(a) 电路

(b) 时序图

图 4.21 鉴相器输出端增设恒流电路的情况(无死区)

(图 4.22)与模拟器件公司的 ADF411X 系列(有关 74HCT9046 的情况将在第 5 章 5.4 节的应用实例中介绍)。

74HCT9046 鉴相器输出电流值由接在 15 脚的电阻 R_b 决定。根据数据表,R_b 阻值规定为 $25\sim250\text{k}\Omega$。鉴相器输出电流由下式决定,当 $R_b=40\text{k}\Omega$ 时,电流约为 1mA。

$$I_p = 17 \times (2.5/R_b)$$

4.2.7 高速鉴相器 AD 9901

对于 PLL 电路来说,为了获得纯正度高的优质频谱的波形,需要尽可能高的环路增益,为此,需要尽可能高的比较频率。为了构成比较频率高而精度高的 PLL,需要高速鉴相器。

作为高速鉴相器,传统的有摩托罗拉公司的 ECL 型鉴相器 MC12040,但很可惜,现在已经停止了生产。取而代之是 Maxim 公司公布的 MAX9382/9383。另外,作为 ECL 鉴相器,使用方便的是图 4.23 所示的模拟器件公司的 AD9901。

AD9901 如图 4.23(c)和(d)所示,根据电源的接法不同,可以直接与 TTL/CMOS 或 ECL 连接。另外,没有死区,其输入输出特性如图 4.23(e)所示,在 $-360°\sim0°$ 范围内对相位进行检测。鉴相器的输入相位差为 180°时,PLL 进行锁相,这时,对于比较频率,鉴相器输出占空比为 50% 的方波。具体应用实例在将第 9 章 9.4 节中介绍。

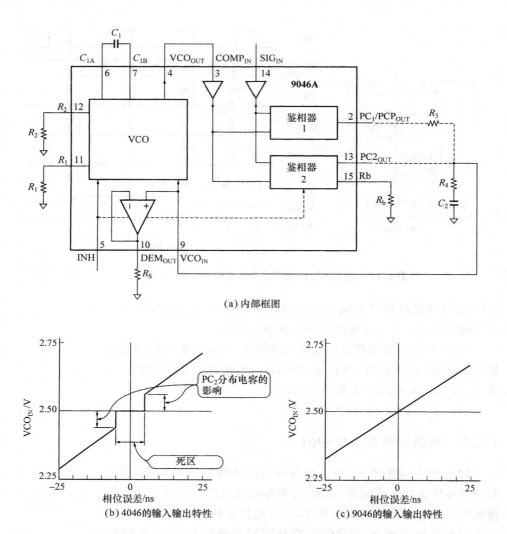

(a) 内部框图

(b) 4046的输入输出特性   (c) 9046的输入输出特性

图 4.22 74HCT9046 的构成框图与鉴相器的特性(飞利浦公司)

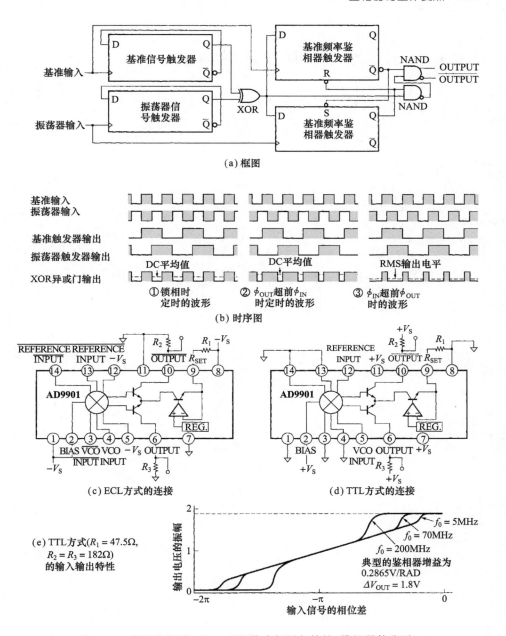

图 4.23 高速鉴相器 AD9901 的构成框图与特性(模拟器件公司)

第 5 章

电压控制振荡器 VCO 的电路

（VCO 要求的特性及各种振荡电路方式）

本章介绍 PLL 系统中使用的 VCO 要求的特性与各种电路方式。

5.1 VCO 要求的性能

5.1.1 VCO 的概况

电压控制振荡器（VCO：Voltage Controlled Oscillater）是用输入直流电压（或电流）控制输出频率的振荡器。根据频带不同，振荡方式有各种类型。若将振荡器大致分类，则有以下三种类型：

① 利用电容充放电的弛张振荡器；

② 将输出信号馈回到输入进行振荡的反馈振荡器；

③ 利用元件延迟时间的延迟振荡器。

为了将这些振荡器用于由输入直流信号改变振荡频率的所谓 VCO 中，需要采取相应的措施，由输入信号改变决定频率的电路元件（R，C，L 或电流等）。将这些振荡器归纳如表 5.1 所示。所有方式振荡器的性能也日益得到改善，表中的评价都是一般性的评价，也包括作者的主观评价。

另外，本书没有涉及到在电动机等旋转设备中，也采用 PLL 电路中的 VCO 作为定位电路。

那么，首先从 VCO 要求的参数进行考察，VCO 要求参数的重要性随应用的 PLL 电路的用途不同而异，但为了设计 PLL 电路，对于 VCO 需要明确以下项目。

表 5.1 VCO 的种类

名　称	频率范围/Hz	可变范围	相位噪声	失　真	温度稳定性
弛张振荡器					
多谐振荡器	0.1～10M	1000 倍	差	差	
函数发生器	1m～10M	1000 倍	差	一般	
间歇振荡器	1～1M	10 倍	差	差	
反馈振荡器					
• RC 振荡器					
相移振荡器	1～1M	10 倍	一般	良	
文氏电桥振荡器	1～10M	10 倍	一般	良	
状态可变振荡器	1～1 M	10 倍	一般	优	
改进型萨尔匝振荡器	1～10M	10 倍	一般	优	
桥接 T 型振荡器	1～10M	10 倍	一般	良	
• LC 振荡器					
集电极调谐振荡器	100k～300M	2 倍	良	一般	
科耳皮兹振荡器	100k～300M	2 倍	良	一般	
克拉普振荡器	100k～300M	2 倍	良	一般	
巴克振荡器	100k～300M	2 倍	良	一般	
哈脱莱振荡器	100k～300M	2 倍	良	一般	
• 振子振荡器					
音叉振荡器	100～100k	—	良	良	
陶瓷振荡器	100k～30M	5%	优	一般	5000ppm
锂・钽比率振荡器	3～30M	0.5%	优	一般	200ppm
晶体振荡器（VCXO）	1～100M	0.1%	优	一般	20ppm
SAW 振荡器	30M～3G	0.5%	优	一般	
电介质振荡器（DRO）	1～10G	—	优	一般	
YIG 振荡器（YTO）	500M～50G	2 倍	优	一般	
• 传输线路构成的振荡器					
带状线振荡器	1G～10G	—	良	一般	
带状环形振荡器	1G～10G	—	良	一般	
同轴振荡器	100M～1G	—	良	一般	
延迟振荡器					
环形振荡器	10～200M	2 倍	差	差	

5.1.2 频率可变范围

这是个最重要的项目,当然要覆盖需要的输出频率范围,而对于环境温度的变化,频率可变范围也要留有裕量。但是,VCO 的频率可变范围越宽,输出波形的噪声、失真等品质劣化的倾向越大。

由于频率可变范围与波形品质是对立的,有时也需要采取措施,即根据频率不同对构成 VCO 的元器件进行更换。

5.1.3 频率控制的线性

对于一般的 PLL 电路,若振荡频率与 VCO 输入电压的线性在 10% 以内,这对环路增益不会有较大影响,没有什么问题(由于施加了负反馈)。然而,如图 5.1 所示,改变频率时,首先是 F-V 特性中加上直流电压,使锁相时间最短,在采取这种措施的情况下,改善线性的同时,还需要注意环境温度变化时,控制电压的稳定性。

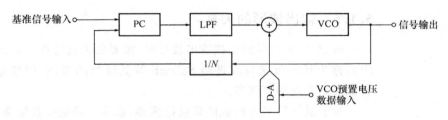

图 5.1 通过加上 VCO 预置电压来加快锁相速度

另外,当 PLL 电路用于 FM 检波等频率变化的检测器时,VCO 的线性得不到改善就会给原来检测电路带来误差。

相反,输出频率与分频系数都在宽范围内改变时,有时也有意将 F-V 特性改为对数特性,这样,使 PLL 电路的环增益变化较小。

5.1.4 输出噪声

VCO 输出噪声分为影响振幅的 AM 噪声与频率变化时表现的 FM 噪声。由于 VCO 在 PLL 电路的环内,因此,原理上 FM 噪声可以通过加大负反馈量进行改善。但是,PLL 电路的负反馈量太大是不可能的,实际上,VCO 噪声特性成为决定 PLL 整体噪声特性的主要因素。

VCO 输出波形的频谱如图 5.2 所示。振荡频率附近的噪声特称相位噪声,它是引起 PLL 电路输出波形跳动的重要原因。

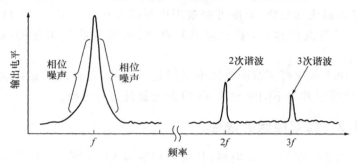

图 5.2 VCO 输出信号的频谱

用滤波器可以滤除偏移振荡频率的 2 次与 3 次谐波失真。然而,很难滤除在振荡频率附近产生的一次相位噪声,因此,VCO 的相位噪声特性非常重要。

5.1.5 输出波形的失真

由 PLL 电路得到正弦输出波形时,需要低失真特性。后面介绍的称为状态可变与改进型 Salzach 等低频振荡器,它们都是具有低失真特性的振荡器。

对于晶体振子等构成的高频振荡器,原理上是低失真振荡器,但是,其失真特性由内部电子电路决定。在振荡频率范围窄的高频情况下,用调谐放大器可以滤除高次谐波。

5.1.6 电源电压变化时的稳定度

环境温度等变化引起电源电压缓慢变化时,对于 PLL 电路不会有问题。然而,当电源中的纹波电压以及开关电源引起的脉冲变化使电源变化比较快时,VCO 会受到 FM 的调制。

当然要使用对电源电压变化有较强承受能力的 VCO,但要求供给 VCO 的电源具有尽可能低的噪声(详细情况请参照第8章)。

5.1.7 环境温度变化时的稳定度

PLL 电路可以消除环境温度变化引起的 VCO 振荡频率的变化,然而,VCO 的控制特性随温度变化而发生较大变化时,PLL

有可能不能进行相位锁定。另外,在使用的温度范围较宽情况下,在最低温度与最高温度时,需要确认 VCO 不会停止振荡等。

PLL 电路输出频率的精度由基准输入信号频率的精度决定。因此,要得到高精度输出频率时,要使用对基准输入信号进行温度补偿型晶体振荡器 TCXO(Temperature Compensated X-tal OSC,精度约为 1ppm)与数字温度补偿型晶体振荡器 DTCXO(Digital Temperature Compensated X-tal OSC,精度约为 0.1ppm),以及恒温控制晶体振荡器(Oven Controlled X-tal OSC,精度约为 0.01ppm)。

5.1.8 外界磁场与振动的影响

VCO 电路中使用的线圈容易受磁通的影响。另外,用金属板对 50/60Hz 工频电源的低频磁通进行屏蔽,不能得到预期的效果。因此,对于内有线圈的 VCO 电路,发生漏磁通的电源变压器与线路滤波器要远离配置。在特殊场合,需要采取铁氧体与坡莫合金等构成的磁屏蔽对策。

当把 VCO 装入装置内时,其线圈与电容受到风扇与电源变压器振动的影响,有时会受到 FM 调制操作。还要注意线圈的固定方法以及陶瓷电容的选用,根据需要,外壳等也要采用牢靠的铝制件。

5.2 由弛张振荡器构成的 VCO

弛张振荡器就是利用电容的充放电,在其两端产生电压波形的振荡器。典型的弛张振荡器是通用 PLL IC 4046 片内的 VCO,有关 4046 片内 VCO 情况请参照第 3 章 3.1 节中的说明。

5.2.1 函数发生器的基本工作原理

这里,以使用的弛张振荡器来说明函数发生器的基本工作原理,其电路构成如图 5.3(a)所示。

由运放 U_1 构成比较器电路,它是通过 R_1 与 R_2 将输出信号馈送到输入端的正反馈电路。因此,输出电压为正或负的饱和电压状态。U_2 与 R_3 和 C_1 构成反相积分器。

现假定,U_1 输出为 $+E_s$,则 U_2 输出电压按 $E_s/(RC)$ 的比例下降,最终降到 $-E_s(R_2/R_1)$ 时,U_1 的正输入电压穿过 0,而变为负输入电压,因此,U_1 输出电压由 $+E_s$ 反转为 $-E_s$。

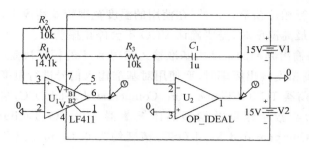

(a) 电路

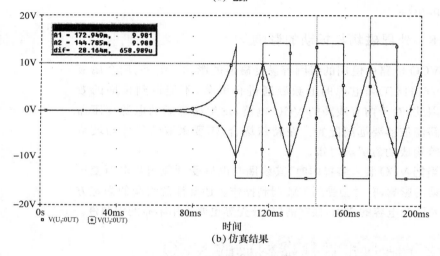

(b) 仿真结果

图 5.3 函数发生器

于是，U_2 积分器的输入电压再次变为 $-E_s$，U_2 输出电压按 $E_s/(RC)$ 比例升高。若 U_2 输出电压升高到 $+E_s(R_2/R_1)$，则 U_1 输出电压再次由 $-E_s$ 跳到 $+E_s$。这样，这种动作重复进行，则 U_1 输出方波，而 U_2 输出三角波，这两种波形变为频率相同，而相位差为 90°的振荡波形。

U_2 积分电路的输出只是按每秒 $E_s/(RC)$ 变化，因此，由 $-E_s(R_2/R_1)$ 到 $+E_s(R_2/R_1)$ 仅变化为 $2E_s(R_2/R_1)$ 需要的时间如下所示：

$$\frac{2E_s \times (R_2/R_1)}{E_s/(R_3C_1)} = 2\frac{R_2}{R_1}R_3C_1$$

该时间相当于三角波的半个周期，因此，振荡波形的周期 T 为：

$$T = 4\frac{R_2}{R_1}R_3C_1$$

振荡频率 f 为：

$$f = \frac{R_1}{4R_2 R_3 C_1}$$

在图 5.3(a)中，U_1 输出的饱和电压约为 ±14.1V，因此，R_1 阻值设定为 14.1kΩ。图 5.3(b) 是其仿真结果。电阻 $R_1 =$ 14.1kΩ，$R_2 = 10kΩ$ 时，U_2 输出约为 ±10V 的三角波形。

三角波输出能变换为正弦波输出，这时采用图 5.4(a)所示的折线近似电路，若输入三角波，则可得到正弦波输出，其仿真结果如图 5.4(b)所示。在实际的折线近似电路中，R_1，R_2 与 R_4，R_5 构成分压电路，R_{24} 为调整电阻，通过调整使其失真率最佳。当最佳调整时，可以获得失真率为 1% 的正弦波。

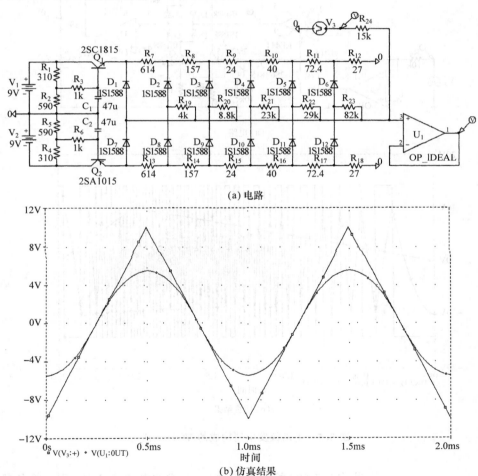

(a) 电路

(b) 仿真结果

图 5.4 三角波-正弦波变换器

5.2.2 由函数发生器构成的 VCO

图 5.5(a) 是将图 5.3(a) 的函数发生器改为 VCO 的电路。在该电路中,用晶体管 Q_1 和 Q_2 替代决定积分器输入电流的电阻 R_3,为电路提供恒定电流。

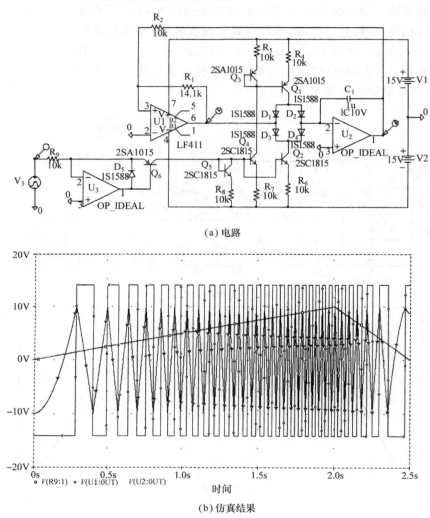

(a) 电路

(b) 仿真结果

图 5.5 由函数发生器构成的 VCO 电路

若作为 VCO 控制电压的 V_3 形成的电流流经 R_9,则不管负载阻抗如何,Q_6 的集电极输出恒定电流等于 R_9 中电流,该电流也流

经 R_8。由于 $R_4 \sim R_8$ 的阻值相等,因此,Q_1 和 Q_2 的电流近似等于 R_9 中电流。

现假定 U_1 输出为 $+14.1V$,则二极管 D_1 和 D_4 为截止状态,D_2 和 D_3 为导通状态,Q_1 的电流通过 D_2 对 C_3 进行充电。若 R_9 中电流为 I_{in},则 U_2 输出按 I_{in}/C_3 比例下降,降到 $-E_s(R_2/R_1)$。若 U_1 输出反转为 $-14.1V$,则 D_1 和 D_4 变为导通状态,D_2 和 D_3 变为截止状态。C_3 中电流通过 D_4 流经 Q_2,该电流等于 I_{in}。因此,U_2 输出按 I_{in}/C_3 比例增大,这种操作不断重复,U_2 输出变为三角波。

三角波的周期 T 为:

$$T = \frac{4E_s C_1}{I_{in}}$$

因此,频率 f 为:

$$f = \frac{1}{4E_s C_1} \times I_{in}$$

这样,可以得到输出与输入电流,即输入电压成比例的频率。

5.2.3 函数发生器 IC MAX038 的应用

基于以上介绍的函数发生器原理的 IC 有 ICL8038 和 MAX038(图 5.6)。在 MAX038 基本电路中,由半固定电阻设定频率。设计的 PLL 电路中使用的 VCO 电路如图 5.7(a)所示。电路输入为高阻抗,因此,4046 等鉴相器的输出对此也能进行驱动,其输入工作电压范围为 $0 \sim 5V$。MAX038 频率控制的电流输入范围为 $2 \sim 750\mu A$,最小电流由 R_7 决定。

MAX038 的振荡频率 f_o 为:

$$f_o(MHz) = 控制电流(\mu A) \div C_1(pF)$$

只用改变 C_1 的容量,使用的频率可在 $0.1Hz \sim 10MHz$ 范围内。当 $C_1 = 10nF$ 时,频率覆盖范围为 $5 \sim 100kHz$。这时,正弦波输出的失真特性如图 5.7(b)所示。

考察 5 个 MAX038 在 10kHz 时的失真特性,其值为 $1.3\% \sim 5\%$。由于每个 MAX038 参数的离散性,目标为 1% 以下的失真率是适宜的。照片 5.1 表示振荡频率为 10kHz 时,正弦波输出波形与失真波形。

根据 MAX038 的 3 和 4 脚设定的逻辑电平,可切换使其输出为正弦波、三角波和方波,输出振幅都是 $2V_{p-p}$。

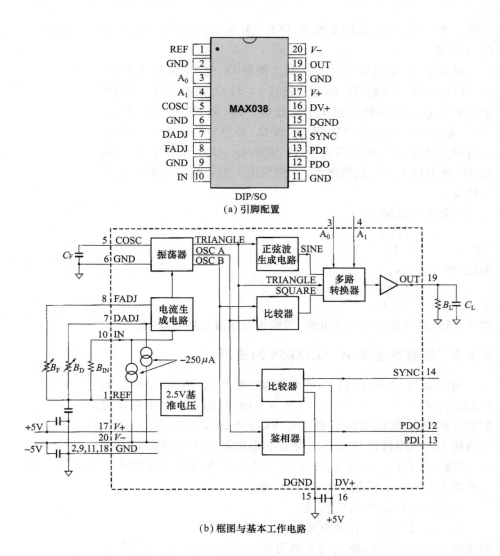

(a) 引脚配置

(b) 框图与基本工作电路

图 5.6 MAX038 的引脚配置与内部等效电路框图

由 SYNC 输出可以得到方波波形,需要注意的是,SYNS 输出正弦波与三角波时为同相位,输出方波时具有 90°相位差。

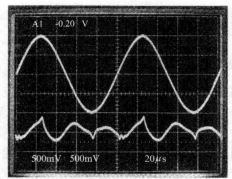

照片 5.1 图 5.7(a)电路在 10kHz 时输出波形
（上:输出波形,下:失真波形,失真率:1.54%）

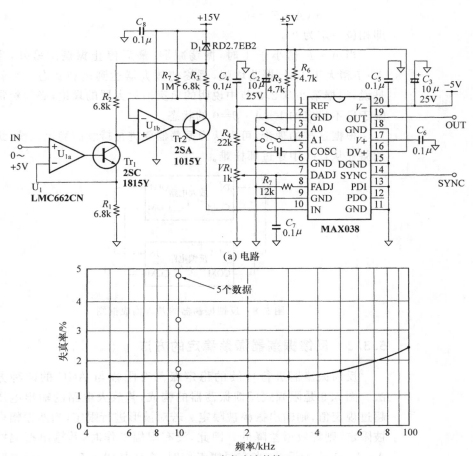

(a) 电路

(b) 失真-频率特性

图 5.7 由 MAX038 构成的 VCO 电路

5.3 反馈振荡器

5.3.1 反馈振荡器的基本工作原理

反馈振荡器如图 5.8 所示,它由放大电路与反馈回路构成。对于一般的振荡器,其中反馈回路具有频率选择性,要采取措施使其在该频率时,电路能进行稳定的振荡工作。

为了使图 5.8 所示反馈振荡器能持续进行稳定振荡,在振荡频率时,$A \cdot F$ 之乘积正好等于1,这里 A 为放大器的增益,F 为反馈回路的增益。但这个 A 与 F 是含有电抗分量的复数。因此,

$$Re(A \cdot F) = 1$$
$$Im(A \cdot F) = 0$$

即相位一定为 $0°$。

当 $A \cdot F$ 稍小于1时,振荡减弱,最后停止振荡。另外,当 $A \cdot F$ 稍大于1时,振荡增强,最终使放大器达到饱和状态。也就是说,根据第2章2.2节中说明的负反馈放大器的理论,必须经常限于最不稳定的 $1 + A \cdot \beta = 0$ 的状态。

根据这样的理论,可以认为振荡器要进行持续的稳定振荡,犹如骆驼从针孔中穿过那样难。

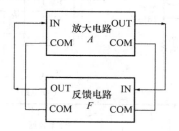

图 5.8 反馈振荡器的基本构成框图

5.3.2 反馈振荡器振荡稳定的方法

反馈振荡器进行持续的稳定振荡有限幅与 AGC 的两种方法。图 5.9 是限幅式反馈振荡器的构成,若放大电路的输出电压超过规定值,则输出振幅被限定。若对波形进行限定,当然振幅也被限定,则等效增益降低。因此,没有限幅工作时,其输出振幅按 $A \cdot F > 1$ 进行设计;当有限幅工作时,振幅按 $A \cdot F < 1$ 进行电路设计,这样,由限幅电路决定的输出振幅可以维持稳定的持续

振荡。

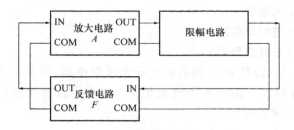

图 5.9 限幅式反馈振荡器

图 5.10 是自动增益控制 AGC（AGC：Automatic Gain Con-trol)式反馈振荡器。这是检测振荡器的输出电压,将其与基准电压进行比较。若振荡器输出大于基准电压,则增益控制电路的增益下降,反之,增益增大。这样,由基准电压决定的输出振幅可以维持稳定的持续振荡。

限幅式振荡器的电路简单,但达到低失真率比较难。而 AGC式振荡器可以实现低失真率,但电路较复杂。另外,在 AGC 式振荡器中,一度需要将输出振幅变换为纹波小的直流电压,因此,从开始到能够控制规定的振幅需要花费时间,频率越低而整定需要的时间越长。

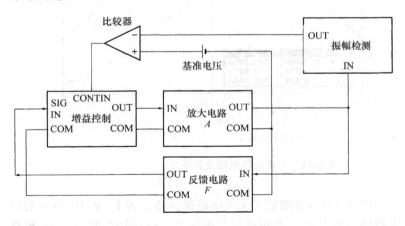

图 5.10 AGC 式反馈振荡器

5.3.3 由 RC 构成的反馈振荡器

在反馈回路中使用 RC 而具有频率选择性的振荡器,其典型振荡器有：

　① 文氏电桥；

　② 改进型萨尔匝；

　③ 状态可变型等。

　　图 5.11(a)是 R,C 组合的文氏电桥振荡器,图 5.11(b)表示其频率选择性。由于最大增益值为 1/3,因此,放大器增益为 3 时,电路产生振荡。

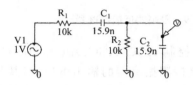

(a) 电路

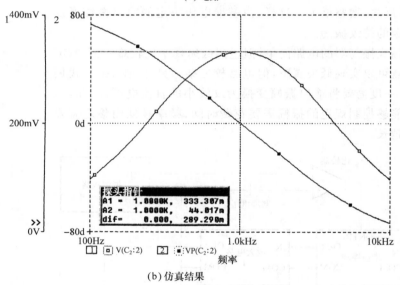

(b) 仿真结果

图 5.11 文氏电桥电路及其特性

　　图 5.12(a)是限幅式文氏电桥振荡器。由 R_3 和 R_4 设定的放大器增益稍大于 3,而用稳压二极管 D_1 进行限幅,使 $D_1 \sim D_5$ 桥路的输出为正负相等的电压。图 5.12(b)表示仿真结果,由此可知,振幅以较快的时间圆滑地增大到 $11V_{o-p}$ 左右。

　　图 5.13(a)是 AGC 式文氏电桥振荡器。电路中,运放 U_1 构成放大器,由绝对值检测电路"ABS"对其输出进行双波检测,U_2

将其与基准电压比较的同时,变换为纹波小的直流信号。再由
"GAIN"电路进行反相,从而得到 AGC 的控制电压。

AGC 控制电压控制增益的电路采用图 5.13(a)所示乘法器
的电路,由 GAIN(-1)电路输出的直流信号通过乘法器,增大或
减小 U_1 输出交流振荡波形的振幅。这样,U_1 的输出作为乘法器
的输入,从而构成自动增益控制电路。

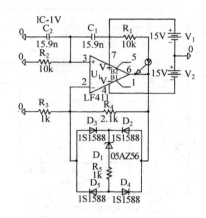

(a) 电路

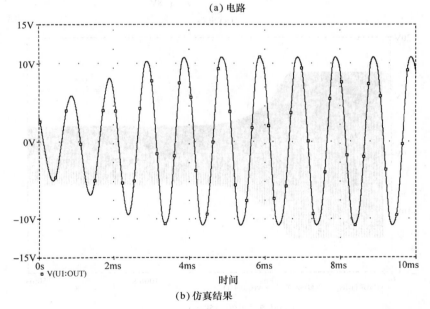

(b) 仿真结果

图 5.12 限幅式文氏电桥振荡器及其特性

当 ABS 输出的双波波形的峰值为 5V 时，平均电压约为 $3.18V(5V_{o\text{-}p}\times 2\pi\approx 3.18V)$，因此，这是 U_1 输出波形的峰值为 $5V_{o\text{-}p}$ 时进行自动增益控制。

图 5.13(b)表示其仿真结果。输出振幅一旦达到饱和后，在约 80ms 时间内收敛于 $5V_{o\text{-}p}$。图 5.13(c)表示将时间放大为 150～155ms 时曲线，由此可见，可以得到优质的正弦波输出。

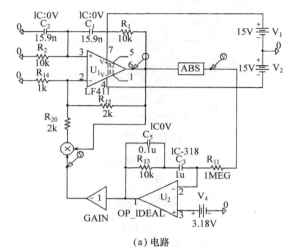

(a) 电路

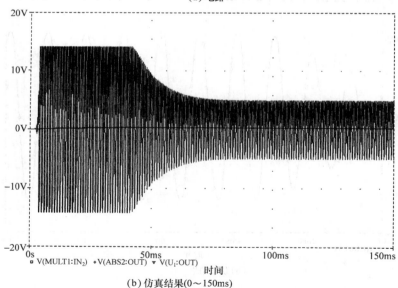

□ V(MULT1:IN₂)　● V(ABS2:OUT)　▼ V(U₁:OUT)

时间

(b) 仿真结果(0～150ms)

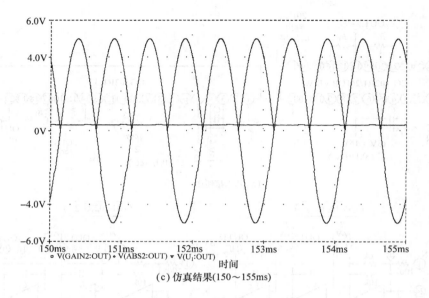

(c) 仿真结果(150～155ms)

图 5.13 AGC 式文氏电桥振荡器及其特性

5.3.4 状态可变 VCO

将 2 个积分器级联,从而设计成容易稳定的滤波器称为状态可变滤波器。利用这种状态可变滤波器的带通特性实现的振荡器,称为状态可变振荡器。

图 5.14 所示为市售的状态可变振荡器(CG-102R1,NF 公司产品),外部只接 2 个用于频率设定的电阻,就可以构成稳定的低失真振荡器。

图 5.14(b)为其内部构成框图,图中 VCA 是 Volotage Controlled Amplitude(电压控制放大器)的简称。VCA 通过 9 脚的控制信号增大或减小 OUT2(18 脚)交流振荡波形的振幅(CG-102R1/2),因此,这相当于图 5.13(a)的乘法器。

采用状态可变振荡器,可以同时从二个积分器输出中取出相位差为 90°的信号。为了将状态可变振荡器改为 VCO 电路,需要用一种方法,根据电压控制改变外接的频率设定电阻。这里,如图 5.15 所示,使用 CdS 光电耦合器(P873-13,浜松哈托尼克斯公司产品)替代频率设定电阻,这样,可以简单构成低失真的低频 VCO 电路。图 5.16 是其电路构成图。

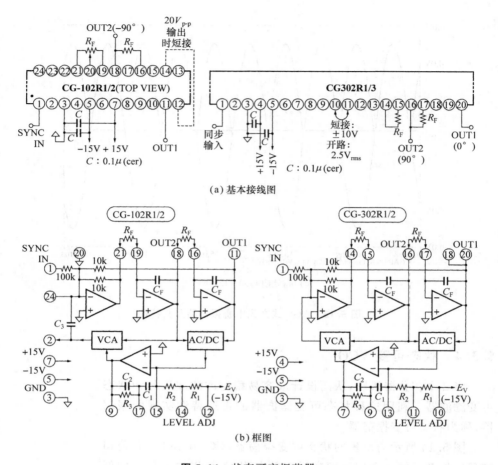

图 5.14 状态可变振荡器

这与 5.2 节所示实例相同,通过 R_1,R_2 和 D_1 可以改变 VCO 中电压-频率变换曲线(V-F 特性)。图 5.17 所示为典型的 V-F 特性,图 5.18 是其失真特性,照片 5.2 表示振荡波形与失真成分。

对于振荡器 CG-102R1,若使用阻值一致的固定电阻,可以得到 0.005% 以下的失真特性。当把 CdS 用作 VCO 时,CdS 的非线性与跟踪误差使失真特性劣化。电阻值越大,CdS 的非线性越大,因此,VCO 的频率越低,失真越大。然而,这与函数发生器的 VCO 相比,可以得到低于 2 个数量级的失真特性。

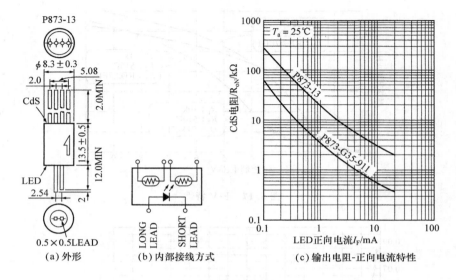

图 5.15 CdS 输出型光电耦合器

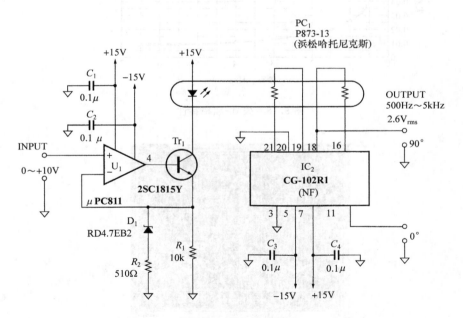

图 5.16 使用状态可变振荡器的 VCO 电路

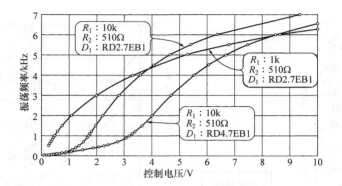

图 5.17 F-V 特性

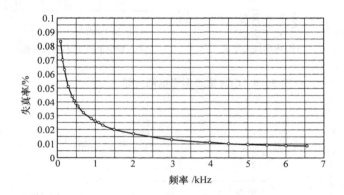

图 5.18 失真-频率特性

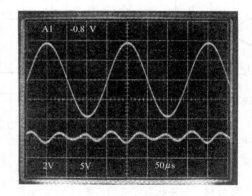

照片 5.2 图 5.16 电路在 5kHz 时的输出波形
（上：输出波形，下：失真成分，失真率：0.01%）

5.4 高频用 LC 振荡电路及其在 VCO 中的应用

5.4.1 基本的哈脱莱/科耳皮兹振荡电路

高频中最多使用的是 LC 反馈振荡器,典型电路有哈脱莱（Hartley）与科耳皮兹（Colpitts）振荡电路。

图 5.19(a)所示为哈脱莱振荡电路的工作原理。放大电路的输入输出相位相反。反馈电路由 LC 高通滤波器构成,这里有相位超前 180°点的频率,用该频率绕环路一周时相位变为 0°。对于放大电路与反馈电路,用该频率绕环路一周时,若增益为 1,则可以进行稳定的持续振荡。若将图 5.19(a)改为图 5.19(b)的电路,则就变成与此有关的哈脱莱基本振荡电路。

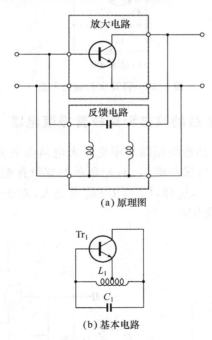

(a) 原理图

(b) 基本电路

图 5.19 哈脱莱振荡电路

同样,图 5.20(a)所示的科耳皮兹振荡电路,其反馈电路由 LC 低通滤波器构成。对于这种反馈电路,当相位滞后 180°的频率绕环路一周时,若增益为 1,则可以构成稳定的振荡器。

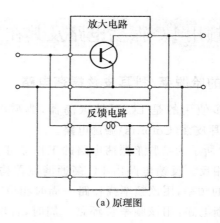

(a) 原理图

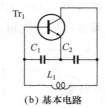

(b) 基本电路

图 5.20 科耳皮兹振荡电路

5.4.2 科耳皮兹的改进型克拉普振荡电路

科耳皮兹振荡器的振荡频率受放大电路参数的影响较大,为了减小这种影响可采用图 5.21(a)所示的克拉普振荡电路。由于与 L_1 串联电容 C_3,这样,C_1 与 C_2 的值变大,对于放大电路参数的变化,频率变化较小。

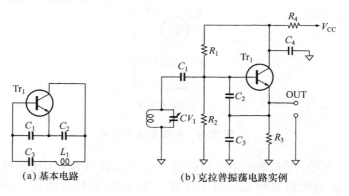

(a) 基本电路   (b) 克拉普振荡电路实例

图 5.21 克拉普振荡电路

图 5.21(b)是采用晶体管的限幅式振荡电路。若电路振荡时振幅变大，则晶体管的集电极电流增加，于是，R_4 的电压降导致偏置电压减小，集电极电流也随之减小。电路的增益降低，并绕环路一周时，其增益为 1 的点的振幅持续进行振荡。

5.4.3 反耦合振荡电路

图 5.22 为反耦合振荡电路。在哈脱莱振荡电路中，反馈电路由高通滤波器构成，而在反耦合振荡电路中，变为调谐电路（带通滤波器）。对于调谐电路，当调谐频率时，输入输出相位为 0°。对于图 5.22(a)和(c)的反相放大器，一次与二次绕组反相连接，以调谐频率绕环路一周时相位为 0°。图 5.22(b)的放大电路为同相，因此绕组不必反相。

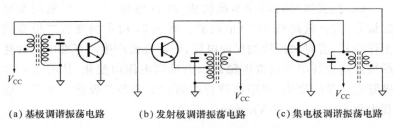

(a)基极调谐振荡电路　　(b)发射极调谐振荡电路　　(c)集电极调谐振荡电路

图 5.22 反耦合振荡电路

图 5.23 是实际的反耦合调谐反馈 LC 振荡电路，元器件虽然有点多，但工作原理容易理解，它是一种实际工作非常稳定、失真小、制作也较容易的电路。

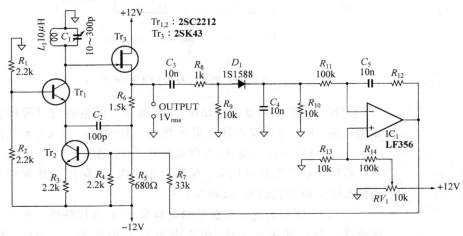

图 5.23 AGC 式集电极调谐反馈 LC 振荡电路（3～10MHz）

晶体管 Tr_1 的集电极调谐电路,通过 Tr_3 缓冲电路对 Tr_1 发射极施加正反馈。Tr_1 的集电极电流增加时,其增益增大;反之,Tr_1 的集电极电流减小时,其增益下降。振荡器的输出经二极管 D_1 检波/平滑变为直流电压,该直流电压保持为恒定值,由 IC_1 控制 Tr_1 的集电极电流,从而实现自动增益控制的目的。

该电路常数是没有接 R_{12} 的情况,但将其改为其他频率的电路,频率较低,平滑常数变大时,有时变为间歇振荡工作状态,这即为自动增益控制相位滞后的主要原因。这时接入 R_{12},可以使自动控制环路的相位滞后复归。

5.4.4 由 LC 振荡器构成 VCO 时采用的变容二极管

LC 振荡器照其原样不能构成 VCO 电路,为此,要采用变容二极管,这样就具有 VCO 的功能。图 5.24 所示为变容二极管的工作原理,若对二极管加反向电压,则接合面产生不存在电荷的耗尽层。这种耗尽层的宽度随施加的反向电压而变化,从而引起二极管电容量的变化,利用这种特性的就是变容二极管。变容二极管也称为 Varicap 或 Varactor。

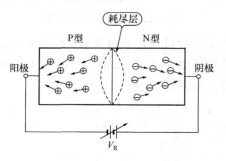

图 5.24 变容二极管的工作原理

变容二极管的等效电路如图 5.25 所示。结电容与线圈构成谐振电路,这时 Q 值受串联电阻 r_s 的影响较大。r_s 为 0.1 至几欧[姆],并随反向电压而变化,反向电压越低,r_s 越大。

若用变容二极管替代 LC 振荡器中的电容,则可以构成频率随外加电压而变化的 VCO 电路。

图 5.26 所示为变容二极管的电容量-反向电压特性。变容二极管的产品与其用途一致,根据电容量大小用于 AM 调谐器、

CATV、FM 调谐器、TV 调谐器、BS 调谐器等。当没有适合相应
用途的电容量时,也可将变容二极管并联,从而增大电容量来
使用。

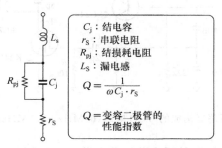

C_j：结电容
r_S：串联电阻
R_{pj}：结损耗电阻
L_S：漏电感

$$Q = \frac{1}{\omega C_j \cdot r_S}$$

$Q =$ 变容二极管的
性能指数

图 5.25 变容二极管的等效电路

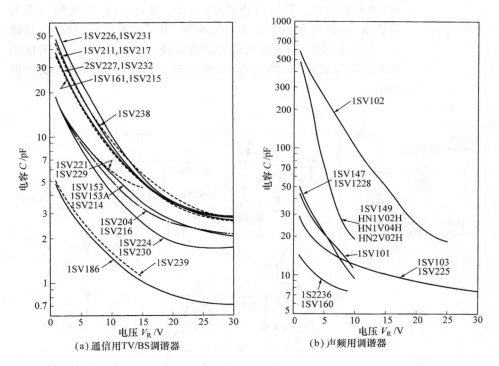

(a) 通信用 TV/BS 调谐器

(b) 声频用调谐器

图 5.26 变容二极管的电容量-反向电压(C-V)特性

图 5.27 是使用克拉普振荡电路、频率变化较小时的 VCO 电
路实例。在 Tr₂ 缓冲器输出增设调谐电路,因此,可以得到高次谐
波失真小的波形。

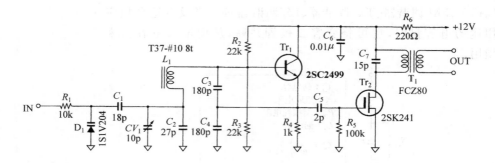

图 5.27 由克拉普振荡器构成的 VCO 电路（64MHz±0.5MHz）

图 5.28 是使用科耳皮兹振荡电路、可以得到 3 倍频率变化的 VCO 电路。Tr_1 的增益随集电极电流而变化，若集电极电流增大，增益也增大。利用这种特性，由 D_3 和 D_4 将输出振幅变换为直流电压，使其 R_{14} 和 R_{15} 中电流相等，由 Tr_4 进行误差放大，控制 Tr_1 的集电极电流，从而实现自动增益控制（AGC）。AGC 的应用得到了期望的效果，即失真小，较大频率变化时输出电压变化也较小。

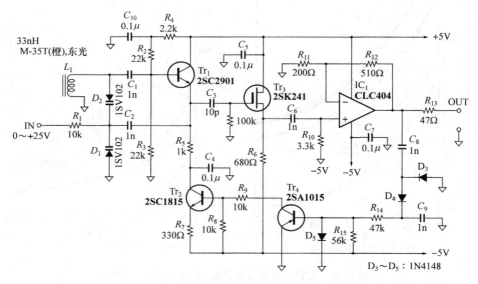

图 5.28 由科耳皮兹振荡器构成的 VCO 电路（40～120MHz）

图 5.29 是源极耦合的栅极调谐振荡器实例,它用于电池供电设备等较低电源电压时,这种电路也能工作。

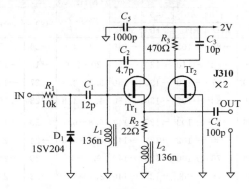

图 5.29 由源极耦合的栅极调谐振荡器
构成的 VCO 电路(144～146MHz)

5.4.5 市售的 LC 振荡式 VCO 电路

设计制作在宽温度范围内工作稳定、低噪声的 LC 振荡式 VCO 电路非常难。然而,对于这种 VCO 电路,无线通信等设备需求量较大,全球很多厂家都在销售这种产品。但专用特殊产品较多。

通用 LC 振荡式 VCO 的著名产品是 Mini-Circuits 公司的 POS 系列。该系列比较容易买到,很多种类产品也都能从秋叶原等商家购买到。图 5.30(b)所示的 15MHz～2.12GHz 很多类产品都能配齐,它们都封装在相同大小的金属壳内。

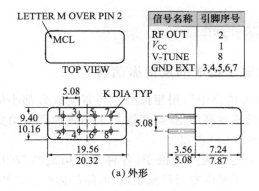

信号名称	引脚序号
RF OUT	2
V_{CC}	1
V-TUNE	8
GND EXT	3,4,5,6,7

(a) 外形

型　号	频　率 /MHz	输　出 /dBm	输　入 /V	相位噪声［dBc/Hz SSB@ offest frequencies：］(typ.)				灵敏度 /(MHz/V) (typ.)	高次谐波 /dBc		电　源	
				1 kHz	10 kHz	100 kHz	1 MHz		(typ.)	(max.)	/V	/mA Max.
POS-25	15-25	+7	1	11	−86	−105	−125	−145	1～4	−26	−15	12	20
POS-50	25-50	+8.5	1	16	−88	−110	−130	−150	20～2.6	−19	−12	12	20
POS-75	37.5-75	+8	1	16	−87	−110	−130	−150	3.1～3.8	−27	−16	12	20
POS-100	50-100	+8.3	1	16	−83	−107	−130	−150	4.2～4.8	−23	−18	12	20
POS-150	75-150	+9.5	1	16	−80	−103	−127	−147	5.8～6.7	−23	−17	12	20
POS-200	100-200	+10	1	16	−80	−102	−122	−142	7.1～8.6	−24	−20	12	20
POS-300	150-280	+10	1	16	−78	−100	−120	−140	9.5～13	−30	−20	12	20
POS-400	200-380	+9.5	1	16	−76	−98	−120	−140	13.7～16.9	−28	−20	12	20
POS-500W	250-500	+10	1	16	−79	−100	−120	−140	17～23	−25	−18	12	25
POS-535	300-525	+8.8	1	16	−70	−93	−116	−139	10.5～24	−26	−20	12	20
POS-765	485-765	+9.5	1	16	−61	−85	−108	−129	18～27	−21	−17	12	22
POS-800W	400-800	+8.0	0.5	18	−71	−93	−115	−137	18～50	−26	−18	10	25
POS-900W	500-900	+7	1	20	−75	−95	−113	−135	16～40	−26	−20	12	25
POS-1000W	500-1000	+7	1	16	−73	−93	−113	−133	30～42	−26	−20	12	20
POS-1025	685-1025	+9	1	16	−65	−84	−104	−124	21～36	−23	−18	12	22
POS-1060	750-1060	+12	1	16	−65	−90	−112	−132	18～32	−11	—	8	30
POS-1400	975-1400	+13	1	16	−65	−95	−115	−135	21～43	−11	—	8	30
POS-2000	1370-2000	+10	1	16	−70	−95	−115	−135	30～50	−11	—	8	30
POS-2120W	1060-2120	+8	0.5	20	−70	−97	−117	−137	35～120	−11	—	12	28

（b）系列规格

图 5.30 市售的 VCO 实例（POS 系列，Mini-Circuits 公司产品）

5.5 其他的 VCO 电路

5.5.1 由振子构成的反馈振荡器

期望 PLL 电路中采用相位噪声与寄生成分都小的 VCO，尤其需要使用纯正度高的信号，而这可采用将物理振动变为电信号的振子构成的 VCO 电路。

晶体振子是最通用的振子，各种振子构成的 VCO 如表 5.1 所示。这些振子都由专门厂家制造，而除晶体振子以外，委托制造任意频率振子的厂家比较少。

若采用晶体振子，则能简单地制作由晶体振子构成的 VCO，即

VCXO(Voltage Controlled X-tal Oscillater)。采用晶体振子构成的
VCXO,可以得到相位噪声非常小,即优质的波形,而最大缺点是频
率变化范围小。VCXO 电路的典型实例如图5.31(a)～(g)所示。

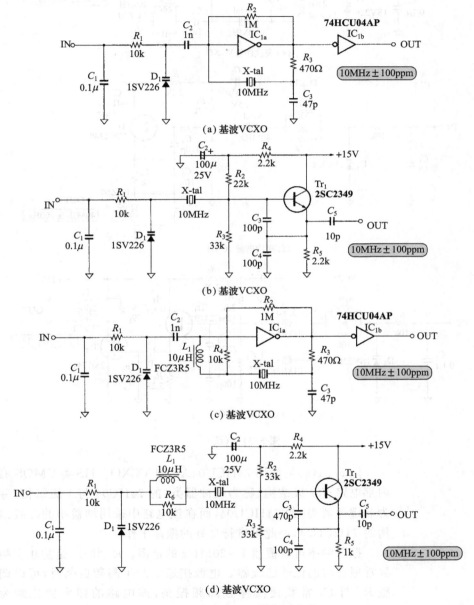

(a) 基波VCXO

(b) 基波VCXO

(c) 基波VCXO

(d) 基波VCXO

图 5.31 VCXO 的典型电路

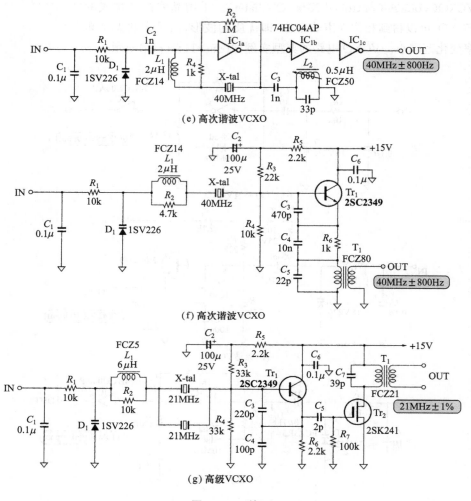

(e) 高次谐波VCXO

(f) 高次谐波VCXO

(g) 高级VCXO

图 5.31 （续）

图 5.31(a)是使用 74HCU04AP 的 VCXO。HS 类 CMOS 的内部电路有 3 级结构（称为缓冲器类）的 74HC04 与 1 级结构（称为非缓冲器类）的 74HCU04，而在该电路中采用增益小的 1 级结构的 74HCU04，由此可进行良好的振荡工作。

振荡频率可以覆盖 1～20MHz 的范围。R_3 和 C_3 是防止高频异常振荡时的低通滤波器。电源接通等产生高频振荡时，可以调整 R_3 与 C_3 常数使其停止高频振荡，该电路的频率变化约为 ±100ppm。

使用 HS CMOS 的晶体振荡电路可以简单地得到稳定的振

荡输出,但电源电压发生变化时,HS CMOS 的阈值电压发生变化。为此,使用 HS CMOS 晶体振荡电路的缺点是,电源纹波成分作为寄生成分呈现在振荡输出信号中。

另外,HS CMOS 同一封装内未使用的反相器(74HCU04 内有 6 个反相器)与其他电路共用时,会受其信号的影响。因此,要将同一封装内未使用的反相器的输入接地,使其不工作即可。

图 5.31(b)是使用晶体管的 VCXO,频率变化范围与图5.31(a)使用的 74HCU04 时相同,对于电源电压的变化,其产生的寄生成分较小。

图 5.31(c)和(d)是为了扩大频率变化范围,与晶体振子串联电感的实例。电感量越大,频率变化范围越大。然而,信号纯正度与温度稳定性变差。

图 5.31(a)～(d)是采用晶体振子的基波振荡电路,而图 5.31(e)和(f)是采用晶体振子的高次谐波振荡电路。对于图 5.31(e)所示电路,由于采用增益低的 74HCU04AP,不能产生振荡,而要使用增益高的 74HC04AP。

在图 5.31(f)所示电路中,若调整 T_1 的电感量,则输出电平逐渐升高。低于最高电平 10%～20% 的电平固定为低电平。

晶体振子的基波 Q 值比高次谐波的 Q 值大。由高次谐波振子构成的 VCXO,其频率变化范围非常窄。对于 VCXO,在宽范围可变频率的高频情况下,将用基波振子振荡的倍频电路来提高频率。

另外,晶体振子是利用物理的振动,这与电子电路的工作不同。为此,高次谐波的谐振不是准确的基波整数倍,频率有些偏移。因此,用基波晶体振子进行高次谐波振荡,也不能以准确的频率进行振荡。同样,用高次谐波晶体振子进行基波频率振荡,也不能以准确的频率进行振荡。

图 5.31(g)称为高级的 VCXO,它是两个晶体振子并联的 VCXO。接入电感时,与采用一个晶体振子相比,频率变化范围将扩大 10 倍。当没有接入电感时,频率变化范围将扩大 2 倍。

晶体振子工作原理类似的有陶瓷振子,容易在市场上买到的频率种类较少,但可用与晶体振子同样的电路构成 VCO,从而得到较宽频率的变化范围,即为 1%～10%。

5.5.2 延迟振荡器

如图 5.32 所示,使用奇数个(3 或 5)HS CMOS 等反相器级联的电路,不能得到稳定的状态,它以反相器传输延迟时间决定的频率进行振荡,这种振荡电路称为环形振荡器。

HSCMOS 等逻辑 IC 的传输延迟时间随电源电压而变化,其变化情况如表 5.2 所示。因此,改变环形振荡器的电源电压就可使振荡频率发生变化,这样可以构成 VCO 电路。

德克萨斯仪器仪表公司 PLL IC 的 TLC93x 系列,内有这种环形振荡器的 VCO。相同系列覆盖的频率范围为 11～25MHz,22～50MHz,43～100MHz。

环形振荡器的 VCO 不用线圈与电容也能构成振荡电路,它是适合集成化的电路,但很可惜,频率跳动较大。

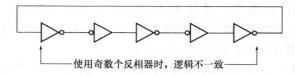

——使用奇数反相器时,逻辑不一致——

图 5.32 环形振荡器

表 5.2 不同电源电压时传输延迟时间的变化情况

AC 电气特性($C_L = 50\text{pF}$,INPUT$t_r = t_f = 6\text{ns}$)

项　　目	符号	测试条件	$T_a = 25℃$			$T_a = -40～85℃$		单位
		V_{CC}	MIN.	TYP.	MAX.	MIN.	MAX.	
输出上升、下降时间	t_{TLH} t_{THL}	2.0	—	30	75	—	95	ns
		4.5		8	15		19	
		6.0		7	13		16	
传输延迟时间	t_{pLH} t_{pHL}	2.0	—	40	90	—	115	ns
		4.5		10	18		23	
		6.0		9	15		20	
输入电容	C_{IN}		—	5	10		10	pF
内部等效电容	C_{PD}		—	23	—		—	

V_{CC}的变化情况

第 6 章
可编程分频器的种类与工作原理

（构成 PLL 频率合成器的数字电路）

PLL 电路的输出频率由 VCO 振荡频率与数字式分频器的分频系数决定。这种分频器的分频系数可以自由设定的器件称为可编程分频器。最近的 PLL IC（频率合成器 IC）内有这种可编程分频器，但本章以单功能可编程分频器 IC 为例，说明可编程分频器的工作原理。

6.1　可编程分频器的基本器件（减计数器）

6.1.1　74HC191

可编程分频器以任意整数对输入时钟进行分频，完成这种动作的是减计数器。HS CMOS 系列的 74HC191 是二进制加/减计数器。74HC191 接成专用的减计数器如图 6.1 所示。74HC191 以输入时钟脉冲的上升沿使输出值为 8→7→6…那样进行减 1 计数。若计数器输出为 0，输入时钟脉冲为低电平，则脉动时钟输出变为低电平。于是，脉动时钟端与加载端接在一起，因此，脉动时钟为低电平时，将输入数据装入计数器内，到下一个时钟脉冲的上升沿时，对计数器内的值进行减计数。

重复这种操作，MAX/MIN 的输出端输出的仅是按设定系数对输入时钟脉冲进行分频的信号，即为可编程分频器的工作状态。

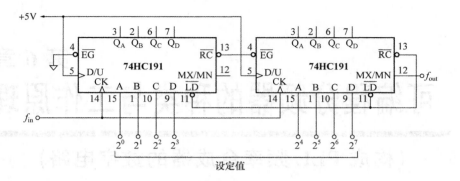

图 6.1 由减计数器 74HC191 构成的可编程分频器

6.1.2 74HC40102/40103

74HC40102/40103 是作为专用减计数器的 HS CMOS，74HC40102 是 BCD 减计数器，它由双回路构成；74HC40103 是 8 位减计数器，它由 4 位×双回路构成。因此，74HC40102 可以设定十进制 2 位的分频系数（1～99），而 74HC40103 可以设定 8 位的二进制分频系数（1～255）。

图 6.2 是 74HC40102/40103 作为可编程分频器使用的连接方式，图 6.3 是 74HC40102/40103 多级从属的连接方式。

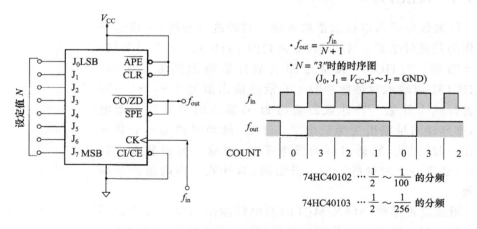

图 6.2 74HC40102/40103 构成的可编程分频器

由 74HC40102/40103 构成可编程分频器时，需要注意的是：由 $\overline{\text{SPE}}$(Synchronous Preset Enable)将输入数据装入内部计数器的动

作与输入时钟脉冲的上升沿同步进行。为此这是很复杂的,而输入时钟脉冲的分频系数变为设定值+1。

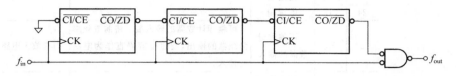

图6.3 74HC40102/40103 的从属连接方式

6.1.3 TC9198

图6.4所示的 TC9198P(东芝)是作为 PLL 电路中专用可编程分频器的 IC,片内具有分频器盛行的一些功能,它是一种使用简单方便的器件。

最近的 PLL 电路用 IC 是限定用途的专用 LSI,单片内有用途所必要的大部分功能。为此,像 TC9198P 那样构成 PLL 电路的一部分的 IC 比较少,大都停止了生产。

对于产业与测量等特殊用途的 PLL 电路,也有采用专用 LSI 不适合的场合,即高不成低不就的情况。另外,数据设定为串行的例子较多,这要使用 CPU 作为前提条件。TC9198P 是留下来的很少的一种并行数据输入的可编程分频器,这表明,能长久留下来的就是所需要的。

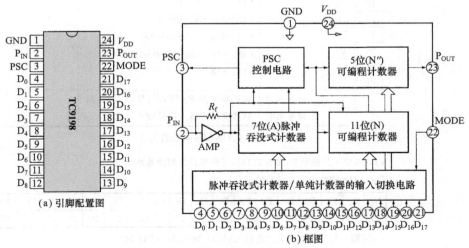

图6.4 PLL 用可编程分频器 TC9198(东芝)

引脚序号	符号	引脚名称	功能与工作说明	备注
1	GND	接地端		
24	V_{DD}	电源端		
2	P_{IN}	可编程计数器的输入	可编程计数器的输入端。将前置频率倍减器的输出,通过电容隔直作为电路的输入。	内有放大电路
3	PSC	前置频率倍减器控制的输出	前置频率倍减器分频控制信号的输出。高电平时为 P,低电平时为 P+1。	
22	MODE	计数器动作切换电路	脉冲吞没式计数器动作以及单纯计数器动作的切换输入。低电平或开路时为脉冲吞没式计数器动作,高电平时为单纯计数器动作。	
4	D_0		可编程计数器的分频系数设定输入端。 1) MODE(22 脚)为低电平时 • $D_0 \sim D_6 \rightarrow$ 脉冲吞没式计数器:A • $D_7 \sim D_{17} \rightarrow$ 可编程计数器:N 2) MODE 高电平而 D_{17} 为低电平时 • 二进制编码设定的单纯计数器动作 • $D_0 \sim D_{15} \rightarrow$ 可编程计数器:N • $D_{16} \rightarrow$ NC 3) MODE 为高电平而 D_{17} 也为高电平时 • BCD 码设定的单纯计数器动作 • $D_0 \sim D_3 \rightarrow N = 1 \sim 9$ • $D_4 \sim D_7 \rightarrow N = 10 \sim 90$ • $D_8 \sim D_{11} \rightarrow N = 100 \sim 900$ • $D_{12} \sim D_{15} \rightarrow N = 1\,000 \sim 15\,000$ • $D_{16} \rightarrow$ NC	内有上拉电阻
5	D_1			
6	D_2			
7	D_3			
8	D_4			
9	D_5			
10	D_6			
11	D_7			
12	D_8	分频系数设定输入		
13	D_9			
14	D_{10}			
15	D_{11}			
16	D_{12}			
17	D_{13}			
18	D_{14}			
19	D_{15}			
20	D_{16}			
21	D_{17}			
23	P_{OUT}	可编程计数器输出端	输出频率为 P_{IN} 输入信号的 $1/N$,而脉冲宽度为输入信号的 4 个周期	

(c) 各端子功能的说明

MODE 输入为低电平(或开路)时,可编程计数器为脉冲吞没式。

① $P = 128$ 前置频率倍减器的场合

D_0	D_1	D_2	D_3	D_4	D_5	D_6	D_7	D_8	D_9	D_{10}	D_{11}	D_{12}	D_{13}	D_{14}	D_{15}	D_{16}	D_{17}
2^0	2^1	2^2	2^3	2^4	2^5	2^6	2^7	2^8	2^9	2^{10}	2^{11}	2^{12}	2^{13}	2^{14}	2^{15}	2^{16}	2^{17}

* :原则上是分频系数为二进制编码,$16\,384 \leqslant D \leqslant 262\,143$

② $P = 64$ 前置频率倍减器的场合

图 6.4 (续)

D₀	D₁	D₂	D₃	D₄	D₅	D₆	D₇	D₈	D₉	D₁₀	D₁₁	D₁₂	D₁₃	D₁₄	D₁₅	D₁₆	D₁₇
2^0	2^1	2^2	2^3	2^4	2^5	"0"	2^6	2^7	2^8	2^9	2^{10}	2^{11}	2^{12}	2^{13}	2^{14}	2^{15}	2^{16}

*1：原则上是分频系数为二进制编码. $4\,096 \leqslant D \leqslant 131\,071$。

*2：使用时 D_6 接地或开路。

③$P=32$ 前置频率倍减器的场合

D₀	D₁	D₂	D₃	D₄	D₅	D₆	D₇	D₈	D₉	D₁₀	D₁₁	D₁₂	D₁₃	D₁₄	D₁₅	D₁₆	D₁₇
2^0	2^1	2^2	2^3	2^4	"0"		2^5	2^6	2^7	2^8	2^9	2^{10}	2^{11}	2^{12}	2^{13}	2^{14}	2^{15}

*1：原则上是分频系数为二进制编码，$1\,024 \leqslant D \leqslant 65\,535$。

*2：使用时 D_5 以及 D_6 接地或开路。

④$P=16$ 前置频率倍减器的场合

D₀	D₁	D₂	D₃	D₄	D₅	D₆	D₇	D₈	D₉	D₁₀	D₁₁	D₁₂	D₁₃	D₁₄	D₁₅	D₁₆	D₁₇
2^0	2^1	2^2	2^3		"0"		2^4	2^5	2^6	2^7	2^8	2^9	2^{10}	2^{11}	2^{12}	2^{13}	2^{14}

*1：原则上是分频系数为二进制编码，$256 \leqslant D \leqslant 32\,767$。

*2：使用时 $D_4 \sim D_6$ 接地或开路。

(d)脉冲吞没式可编程计数器

MODE 输入为高电平时，它为单纯计数器。

D_{17} 为高电平时，以 BCD 编码方式计数动作；低电平时，以二进制方式计数动作。

①二进制方式动作：$D_{17}=D_{16}$ 为低电平或开路

D₀	D₁	D₂	D₃	D₄	D₅	D₆	D₇	D₈	D₉	D₁₀	D₁₁	D₁₂	D₁₃	D₁₄	D₁₅
2^0	2^1	2^2	2^3	2^4	2^5	2^6	2^7	2^8	2^9	2^{10}	2^{11}	2^{12}	2^{13}	2^{14}	2^{15}

分频系数的二进制编码 D 的范围为 $5 \leqslant D \leqslant 65\,535$。

②BCD 编码动作：D_{17} 为高电平，D_{16} 为低电平或开路

D₀	D₁	D₂	D₃	D₄	D₅	D₆	D₇	D₈	D₉	D₁₀	D₁₁	D₁₂	D₁₃	D₁₄	D₁₅
1	2	4	8	1	2	4	8	1	2	4	8	1	2	4	8

×1 　　　 ×10 　　　 ×100 　　　 ×1000

*1：$D_0 \sim D_3$，$D_4 \sim D_7$，$D_8 \sim D_{11}$ 按 BCD 编码设定分频系数，$N=10$ 以上设定时电路不工作。

*2：$D_{12} \sim D_{15}$ 按二进制编码设定分频系数。

$D_{12} \sim D_{15}=0101(A) \longrightarrow N=10\,000$

$D_{12} \sim D_{15}=1101(B) \longrightarrow N=11\,000$

$D_{12} \sim D_{15}=0011(C) \longrightarrow N=12\,000$

$D_{12} \sim D_{15}=1011(D) \longrightarrow N=13\,000$

$D_{12} \sim D_{15}=0111(E) \longrightarrow N=14\,000$

$D_{12} \sim D_{15}=1111(F) \longrightarrow N=15\,000$

*3：分频系数的 BCD 编码 D 的范围为 $5 \leqslant D \leqslant 15\,999$。

(e)单纯的可编程计数器

图 6.4 （续）

TC9198 可作为单纯的可编程分频器与脉冲吞没式计数器等两种用途。然而,当用于单纯的可编程分频器时,BCD 码与二进制都可以使用。使用 BCD 码时,设定范围为 5~15 999,使用二进制时,设定范围较宽,为 5~65 535。

作为脉冲吞没式计数器可选用 1/16,1/32,1/64,1/128 等 4 种分频系数,这些分频系数与双模式前置频率倍减器相对应。

6.2 前置频率倍减器

TC9198 等可编程分频器的位数多,分频系数设定范围宽。然而,由于内部元件多而变得很复杂,最高能使用的频率限制为 10MHz 左右。但在很多情况下,使用的频率超过 10MHz,在处理这种频率时,作为分频器要采用前置频率倍减器(prescaler)。

6.2.1 前置频率倍减器 IC

前置频率倍减器也有随种类不同的器件,传统的是使用 ECL (Emiter Coupled Logic)构成的器件。ECL 内部晶体管使用时为非饱和工作状态,因此,速度非常高,也有随种类不同工作频率使用到几吉赫[兹]的器件。

图 6.5 是前置频率倍减器 ICTD6127BP(东芝)实例。若 6 脚接低电平,则变为 1/128,1/129 分频的工作模式;7 脚接高电平时,为 1/128 分频,而接低电平时为 1/129 分频的双模工作模式。

图 6.6 是 TD6127BP 的输入灵敏度特性,根据这种特性,稳定工作最高电平可到 $250mV_{RMS}$。但输出振幅达不到电源电压,振幅比较小,为 $1.2V_{p-p}$,因此,不能直接接逻辑 IC。而 TC9198 是与这种前置频率倍减器组合使用作为前提条件,只采用电容隔断直流成分的耦合方式,电路就能稳定工作。

前置频率倍减器一般是用于高频的稳定工作方式。输入为 10MHz 以下的低频时,会产生异常振荡,因此,确认最低工作频率也非常重要。

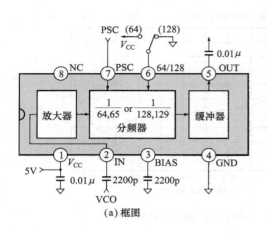

(a) 框图

引脚序号	符 号	功 能
1	V_{DD}	电源端子
2	IN	本振信号输入端子
3	BIAS	偏置端子 外接旁路电容
4	GND	接地端子
5	OUT	分频信号输出端子
6	64/128	分频方式切换端子 高电平时为 64,65 低电平时为 128,129
7	PSC	双模数控制端子 高电平时为 N 低电平时为 1
8	NC	空脚

（b）端子功能的说明

（没有特别指定时，$V_{CC}=4.5\sim5.5V$，$T_a=30\sim85℃$，$f_{in}=400\sim1000MHz$）

项 目		符 号	测试条件	最 小	标 准	最 大	单 位
工作电源电压		V_{CC}		4.5	5.0	5.5	V
工作电源电流		I_{CC}	$V_{CC}=5.0V$	—	4.0	7.0	mA
工作频率范围		f_{IN}		400		1000	MHz
输入电压范围		V_{IN}		50		250	mV_{rms}
输出振幅		V_{OUT}		1.0	1.2	—	$V_{p\text{-}p}$
输入电压	低电平	V_{IL}	PSC	0		$0.3V_{CC}$	V
	高电平	V_{IH}	PSC	$0.7V_{CC}$		V_{CC}	V
输入电流	低电平	I_{IL}	PSC $V_{CC}=5.0V$，$V_{IL}=1.0V$	−700		−200	μA
	高电平	I_{IH}	PSC $V_{CC}=5.0V$，$V_{IH}=4.0V$	−200		−50	μA

（c）电气特性

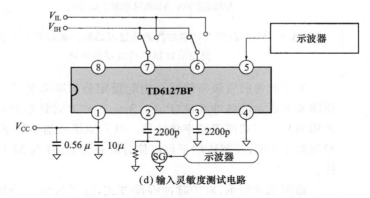

（d）输入灵敏度测试电路

图 6.5 前置频率倍减器 IC TD6127BP（东芝）

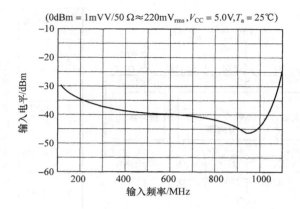

图 6.6 TD6127BP 的输入灵敏度特性

6.2.2 脉冲吞没（Pulse Swallow）方式

当 VCO 的振荡频率较高时，可使用固定分频系数的前置频率倍减器。然而，如图 6.7 所示，若接入固定分频系数的前置频率倍减器则对于相同基准信号频率，只凭其分频系数来设定分辨率就比较低。若要提高这种设定分辨率，那么作为相位比较频率的基准频率要变低，PLL 电路的反馈量减少，输出信号的频谱变坏。

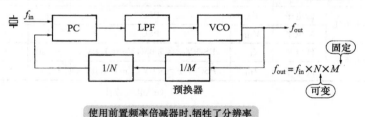

图 6.7 VCO 的振荡频率较高而超过可编程分频器的工作频率时，
使用前置频率倍减器的电路

为了改善前置频率倍减器引起设定分辨率降低的情况，可采用图 6.8 所示的脉冲吞没（Pulse Swallow）方式计数器，这种方式使用的是双模式前置频率倍减器。这种双模式前置频率倍减器有控制端子 MD，控制该端子可以使分频系数在 M 与 $M+1$ 之间切换。

如图 6.8 所示，对于脉冲吞没方式，除了可编程分频器以外，还要设计脉冲吞没式计数器。在基准输入频率的一个周期内，脉

冲吞没计数器中设定的数值,只是将前置频率倍减器的分频系数
设定为 $M+1$,剩下的数值是将前置频率倍减器的分频系数设定
为 M。由于这样的动作在分频系数的一个周期内,只有脉冲吞没
计数器的数值能提高分频系数的分辨率。

　　这里,作为名称使用的 Swallow 就具有"吞没"的意思。由于
分频脉冲被部分吞没,因此,可以得到较高分辨率。

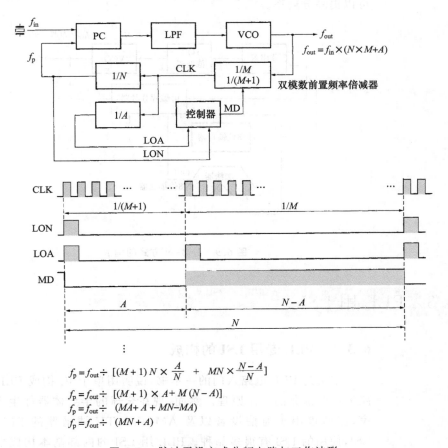

$$f_p = f_{out} \div [(M+1)\,N \times \frac{A}{N} \;+\; MN \times \frac{N-A}{N}]$$

$$f_p = f_{out} \div [(M+1) \times A + M\,(N-A)]$$

$$f_p = f_{out} \div (MA + A + MN - MA)$$

$$f_p = f_{out} \div (MN + A)$$

图 6.8　脉冲吞没方式分频电路与工作波形

6.2.3　分数(Fractional)-N 方式

　　这种方式与脉冲吞没方式类似,可以提高可编程分频器的分
辨率,这种计数器称为分数(Fractional)-N 方式,其构成如图 6.9
所示。根据基准频率的时钟脉冲,在累加器中进行加法运算,只是

在加法器产生溢出时,可编程分频器的分频系数加 1。这样,只要增加加法器的位数就能提高分辨率,分频系数为:

$$M + \frac{n}{2^N}$$

式中,M 为可编程分频器的分频系数,n 为加法器的设定值,N 为加法器的位数。用分数设定分频系数,只要增加加法器的位数就可以提高分辨率。

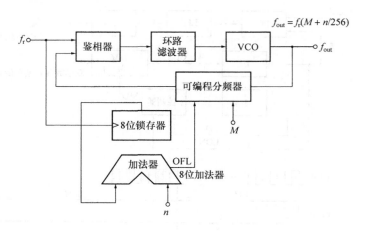

图 6.9 分数-N 方式的构成

6.3　PLL 用 LSI

6.3.1　PLL 专用 LSI 的构成

本书是 PLL 电路入门的一本书,说明用单个 IC 构成 PLL 电路的各个部分的工作原理。然而,现在全球的半导体器件生产厂家,在销售用于通信设备以及 AM,FM,TV 调谐器的 PLL 用 LSI,使用的 LSI 有很多品种。PLL 用 LSI 的内部基本构成框图大多如图 6.10 所示。

基准分频器是用于基准频率分频的可编程分频器,它将晶体振荡器的几兆赫[兹]至十几兆赫兹的基准振荡频率进行分频,从而变为相位比较的频率。这种基准分频器的输入反相器也大多用作晶体振荡电路。

对 VCO 输出信号进行分频,决定输出频率的可编程分频器内有前置频率倍减器与脉冲吞没式计数器,有很多 PLL 用 LSI 的振荡频率可达到 GHz。另外,也有采用可以得到更高分辨率的分数——N 方式的 LSI(富士通公司的 MB15F83UL,飞利浦公司的 SA8025 等)。

另外,解锁时用于提高锁相时间端子的鉴相器,以及无死区的电流输出型鉴相器也在增多。若环路滤波器使用有源滤波器,则环路极性要反转,但也有很多类型的鉴相器设有模式设定端子,用于选择鉴相器的极性。

通信设备用的接收与发送的本机振荡器,采用 2 组可编程分频器与鉴相器的双 PLL 用 LSI,也有片内中 VCO 采用晶体管类型的 LSI(三菱公司的 M64884FP)。

这些 LSI 的分频系数等的设定数据,通过数据、时钟和锁存三根信号线以串行数据方式进行设定,因此,前提条件是与 CPU 等一块使用。

另外,为了减少集成电路的引脚数量而达到小型化的目的,还有与用途相适应而分频系数固定的 PLL 用 LSI(富士通公司的 MB15C100 等)。

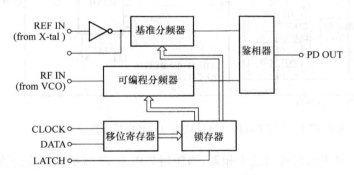

图 6.10 PLL 用 LSI 的构成

6.3.2　ADF4110/4111/4112/4113

图 6.11 所示电路作为 PLL 用 LSI 的一例,它表示了 ADF4110/4111/4112/4113(模拟器件公司)的内部结构框图。各自处理的频率为 550MHz～4GHz,也可以按 4 个等级数字设定前置频率倍减器的分频系数。因此,可处理更宽范围的频率,对应各式各样的应用。

对于片内鉴相器为无死区的电流输出型,可按 8 个等级数字设定输出的电流值。另外,其电流绝对值由外接电阻决定,因此,可在 0.29～8.7mA 这样宽范围内进行选择。

为此,可由这 8 个等级电流设定值对 PLL 的环路增益进行补偿,该增益随可编程分频器的分频设定而变化,补偿的最终结果是当相位返回量最大时,环增益变为 1,也就是说,这对锁相速度与寄生成分的降低非常有用。

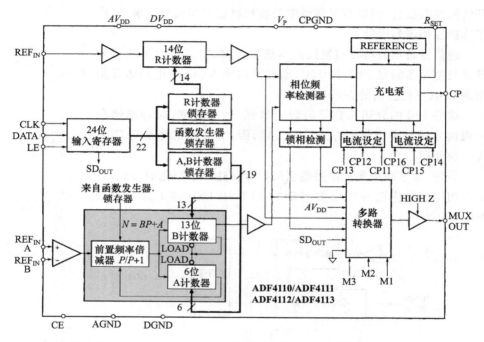

图 6.11 高频 PLL 用 ADF4110/4111/4112/4113(模拟器件公司)

对于电流输出型鉴相器,当使用如图 6.12 所示的环路滤波器时,R_2 和 C_3 可以降低来自鉴相器的开关噪声,从而降低比较频率中寄生成分。

计算环路滤波器常数时,鉴相器的增益可通过下式求出。

$$K_p = \frac{I_p \times R_1}{4\pi}$$

式中,I_p 为鉴相器的输出电流。

若环路滤波器特性的平坦部分为 0dB,则时间常数可由图 6.13 所示那样决定。与 R_1 和 C_2 相比,R_2 与 C_3 时间常数不能忽略时,有必要根据仿真等确定的相位裕量来决定时间常数。

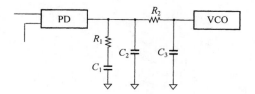

图 6.12 电流输出型鉴相器与环路滤波器

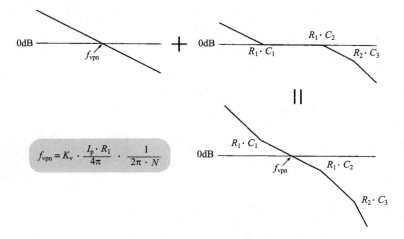

图 6.13 使用电流输出型鉴相器时环路特性

第7章
PLL 电路的测试与评价方法

（无源／有源环路滤波器的环路增益）

PLL 是负反馈电路，因此，从第 2 章的负反馈基础理论开始，介绍了 PLL 电路的设计方法，以及环路滤波器常数的计算。本章介绍用于验证计算得到的滤波器常数是否正确的实际测试方法。

7.1　负反馈电路中环路增益的测试

7.1.1　难以测试的环路增益

到目前为止所介绍的负反馈电路的框图如图 7.1 所示。若将此作为具体的运放电路，其应用实例如图 7.2 所示的同相放大器。这时，增益 A_C 由下式决定。

$$A_C = \frac{1}{1 + A_O \cdot \beta}$$

不能根据 $A_O \cdot \beta = -1$ 决定电路常数。

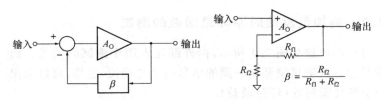

图 7.1　负反馈构成框图　　**图 7.2**　同相放大电路

一般来说，在采用运放的同相放大电路中，由电阻构成负反馈 β 回路。为此，β 回路的输入输出相位有些滞后。因此，运放在施加负反馈之前，其开环增益 A_O 为：

$$A_O = \frac{1}{\beta}$$

对于这种频率,相位滞后(交流放大器也有相位超前的情况)不能为 120°以上,要预先通过数据表确认即可。

然而,考虑包括 PLL 电路等普通的负反馈电路时,也必须要考虑到 β 回路的相位变化。为此,为了验证是否施加稳定的负反馈,对于 A_0 与 β 的综合传输特性为 1 时的频率,验证相位变化不超出±120°即可。

如图 7.1 所示,在负反馈电路中由 $A \cdot \beta$ 构成环路。为此,为了测试其传输特性,如图 7.3 所示,在任意部分将环路断开并注入信号,在断开处测试绕环路一周的增益/相位-频率特性即可。然而,运放电路的直流增益非常大,因此,加较小(几毫伏)的直流偏置电压,运放也就进入饱和状态,不能进行稳定的测试。

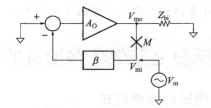

M点断开时,测量由V_{mi}到V_{mo}的传输特性,其阻抗Z_{bi}等于β回路的输入阻抗

图 7.3 环路增益的测试①

PLL 电路的传输特性的测试也是一样。根据将相位进行比较,从而控制频率的机理,理论上直流增益为无限大,断开环路的一部分时,PLL 电路不能正常工作。

7.1.2 施加负反馈时原环路增益的测试

负反馈电路如图 7.4 所示,由外部注入用于测试的信号。而在信号注入处测试绕环路一周的信号电平与相位,这样,可以求出 $A_0 \cdot \beta$ 的传输特性(环路增益)。

采用这种测试方法测试时,不必断开环路。为此,这就能够在接近实际工作状态时进行测试,在断开环路时,也不必要接入阻抗终端。根据以下一些表达式来说明这种测试方法,根据图 7.4 所示电路,则有

$$V_{mo} = V_{ao} - I_{ao} \cdot Z_{ao} \tag{7.1}$$

$$I_{ao} = \frac{V_{mi}}{Z_{bi}} \tag{7.2}$$

将式(7.2)代入式(7.1),则有

$$V_{mo} = V_{ao} - \frac{V_{mi} \cdot Z_{ao}}{Z_{bi}}$$

$$V_{ao} = V_{mo} + V_{mi} \frac{Z_{ao}}{Z_{bi}} \qquad (7.3)$$

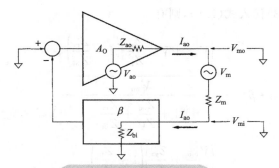

V_{ao}:为空载时A回路的输出电压
Z_{ao}:为A回路的输出阻抗
V_m:为注入信号电压
Z_m:为注入信号的输出阻抗
Z_{bi}:为β回路的输入阻抗

图 7.4 环路增益的测试②

另外,在图 7.4 的负反馈电路中,输入电压减去 β 回路的输出电压即为 A 回路的输入电压,若输入电压为 0V,则有

$$A_O \cdot \beta = -\frac{V_{mo}}{V_{mi}} \qquad (7.4)$$

$$V_{mo} = V_{ao} - I_{ao} \cdot Z_{ao} \qquad (7.5)$$

$$I_{ao} = \frac{V_{ao}}{Z_{ao} + Z_{bi} + Z_m} \qquad (7.6)$$

若将式(7.6)代入式(7.5),则有

$$V_{mo} = V_{ao} - \frac{V_{ao} \cdot Z_{ao}}{Z_{ao} + Z_m + Z_{bi}}$$

$$= \frac{V_{ao}(Z_m + Z_{bi})}{Z_{ao} + Z_m + Z_{bi}} \qquad (7.7)$$

若将式(7.7)代入式(7.4),则有

$$A_O \cdot \beta = -\frac{V_{ao}(Z_m + Z_{bi})}{V_{mi}(Z_{ao} + Z_m + Z_{bi})}$$

$$= -\frac{\dfrac{V_{\mathrm{ao}}\left(1 + \dfrac{Z_{\mathrm{m}}}{Z_{\mathrm{bi}}}\right)}{V_{\mathrm{mi}}}}{1 + \dfrac{Z_{\mathrm{ao}}}{Z_{\mathrm{bi}}} + \dfrac{Z_{\mathrm{m}}}{Z_{\mathrm{bi}}}} \qquad (7.8)$$

若将式(7.3)代入式(7.8),则有

$$A_{\mathrm{O}} \cdot \beta = -\frac{\dfrac{\left(V_{\mathrm{mo}} + V_{\mathrm{mi}}\dfrac{Z_{\mathrm{ao}}}{Z_{\mathrm{bi}}}\right)\left(1 + \dfrac{Z_{\mathrm{m}}}{Z_{\mathrm{bi}}}\right)}{V_{\mathrm{mi}}}}{1 + \dfrac{Z_{\mathrm{ao}}}{Z_{\mathrm{bi}}} + \dfrac{Z_{\mathrm{m}}}{Z_{\mathrm{bi}}}}$$

$$= -\frac{\left(\dfrac{V_{\mathrm{mo}}}{V_{\mathrm{mi}}} + \dfrac{Z_{\mathrm{ao}}}{Z_{\mathrm{bi}}}\right)\left(1 + \dfrac{Z_{\mathrm{m}}}{Z_{\mathrm{bi}}}\right)}{1 + \dfrac{Z_{\mathrm{ao}}}{Z_{\mathrm{bi}}} + \dfrac{Z_{\mathrm{m}}}{Z_{\mathrm{bi}}}} \qquad (7.9)$$

因此,若 $Z_{\mathrm{bi}} \gg Z_{\mathrm{ao}}$, $Z_{\mathrm{bi}} \gg Z_{\mathrm{m}}$ 的条件成立,根据式(7.9),则有

$$A_{\mathrm{O}} \cdot \beta \approx -\frac{V_{\mathrm{mo}}}{V_{\mathrm{mi}}} \qquad (7.10)$$

也就是说,负反馈环中注入信号,测试其前后信号,若计算出该比值,则可求出环路增益。另外,根据式(7.10)中负号可知,相位滞后 0°时,作为 180°相位进行测试;而相位滞后 180°时作为 0°相位进行测试。

7.1.3 负反馈环路测试的仿真

图 7.5(a)是环路测试的仿真电路,这种电路的常数与附录 A 中图 4.7 的电路相同。也就是说,增益 10 倍时产生小于 20dB 的峰值,这是相位裕量小而不稳定的常数。

$E_1 \sim E_2$,$R_{\mathrm{in}} \sim R_{\mathrm{ao}}$ 构成的电路为运放的等效电路,其内部具有两个时间常数。R_1 和 R_2 构成 β 回路,其中 $\beta = 0.1$。V_{m} 是测试用信号,其阻抗为 $R_{\mathrm{m}} = 50\Omega$。

图 7.5(b)是仿真结果。β 回路的输入为节点(R_{m} : 1),A 回路的输出为节点(V_{m} : +)。两者的振幅都用 dB 表示,0dB 时为 1V。环路增益为这两者振幅之比,由于是用 dB 表示,因此,取其差值即可。也就是说,VDB(V_{m} : +)-VDB(R_{m} : 1)为环路增

益,当 99.75kHz 时,环路增益为 0dB(等于 1)。这时相位为 5.7735°,几乎没有相位裕量。由此可知,环路处于不稳定状态。

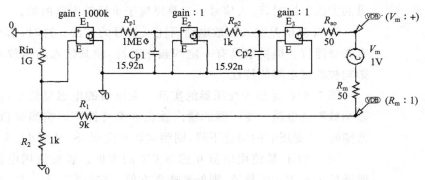

(a) 仿真电路

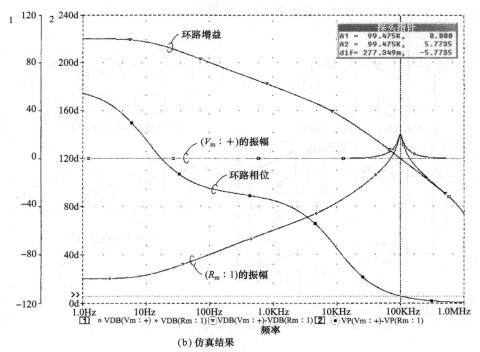

(b) 仿真结果

图 7.5 环路特性测试的仿真

7.1.4 实际注入的信号

由上所述,为了测试负反馈电路的环路增益,要在输出阻抗低,而输入阻抗高处注入信号。根据前后信号的振幅与相位来计算增益。这种信号注入方法有以下几种,现作如下说明。

图 7.6(a)是在电路中接入信号注入用电阻,在其两端注入信号的方法。这时,注入信号一定是浮置于负反馈电路的地。

图 7.6(b)是接入运放电路而注入信号的方法。这时,信号没有必要浮置。但要求具有一定的频率特性,使其接入的运放不会影响被测试电路的特性。

图 7.6(c)是接入变压器的实例。变压器的电感量要小,以免影响被测试电路。变压器的输入输出频率特性不影响测试值,但低频时,若变压器的增益下降,则测试信号变弱,S/N 变小。

图 7.6(d)是使用电流互感器 CT 的实例。若交流用电流探测器反过来用作信号源,则处理非常方便。它与变压器一样,低频时,信号注入量非常弱,S/N 变小。

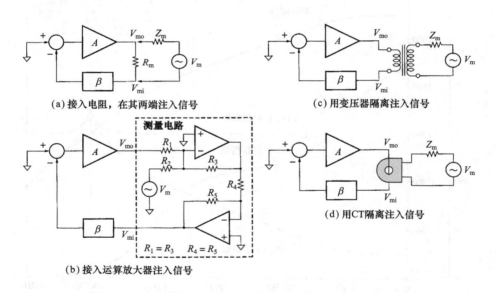

(a)接入电阻,在其两端注入信号

(c)用变压器隔离注入信号

(b)接入运算放大器注入信号

(d)用CT隔离注入信号

图 7.6 测试环路增益时,信号的注入方法

上述所有方法都不能影响被测试电路,因此,需要注意电缆与测试仪器的分布电容。而且,注入信号要足够小,以免被测试电路进入饱和工作状态。用示波器观测负反馈电路的输出,在确认被测试电路不是饱和工作状态时,对电路进行测试。

从测试目的来看,没有必要在宽带范围内进行测试。以环路增益为 1 的频率作为中心,按 0.1～10 倍的 2dec. 左右进行测试。

若考虑使用的电缆等,对于 100kHz 以上的负反馈电路,测试环路增益时,这些方法对电路的影响较大,而对于 100kHz 以下的电路,这些都是有用的测试方法。

7.2　使用频率响应分析仪的测试方法

7.2.1　负反馈环路特性的测试

这里说明用于验证负反馈电路稳定性的环路增益的测试方法,现在已有用于测试这种负反馈环路增益的测试仪器,照片 7.1 所示频率响应分析仪 FRA(Frequency Responce Analyzer)就是这种仪器。

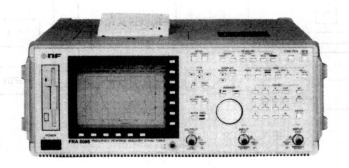

照片 7.1　可以测试 0.1~15MHz 的 FRA 外观

(FRA5096,(株)NF 电路设计集团)

FRA 的内部电路框图如图 7.7 所示,它由 1 通道的信号发生部分、2 通道的信号处理部分、进行信号分析的 DFT 运算部分、面板操作部分、显示部分、外部接口等组成。

FRA 的特征是,用于环路增益测试的信号输出与信号处理部分是独立而浮置的。因此,使用图 7.6(a)所示的信号注入方法,仅接上电缆就能简单地测试环路增益。

DFT 运算部分框图如图 7.8 所示。它将内部发生的信号与输入信号进行乘法运算,由此可以计算出输入信号的振幅与相位。内部发生的信号也用作输出信号。

FRA 的信号分析方法是,由内部振荡器向外输出被指定的频率信号,再输入作为通过被测电路之后的信号,用内部振荡器的频率进行 DFT 运算,从而求出被测电路的增益与相位。在单一频率

分析结束后,立即扫描下一个频率,进行重复分析,从而以指定的
分辨率完成测试被指定频带的环路特性。

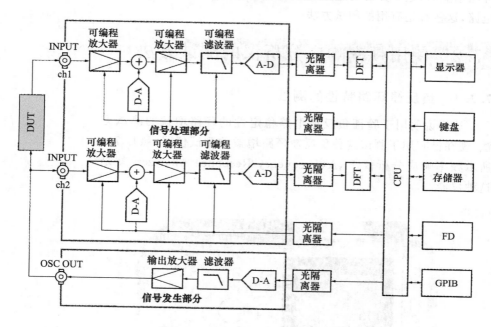

图 7.7   FRA 构成框图

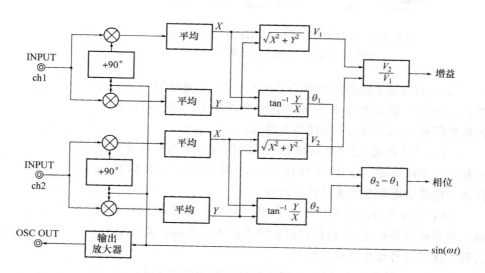

图 7.8   DFT 运算框图

由于是单一频率的分析,因此,在进行测试时,要与每次输入信号的状态一致,重新最佳设定内部放大器的增益与直流偏置,以及滤波器的截止频率等。为此,被测试电路的增益变化较大时,也能进行正确的测试,在前置放大器的增益适合信号电平的情况下,对测试的动态范围进行最佳设定,不被 A-D 转换器的分辨率所左右。

另外,DFT 运算基本上有较强的抗噪声能力,这时通过示波器也观察不到信号成分,即使采用淹没在噪声中的这种信号,若增加平均测试次数,也可以进行稳定的测试。

7.2.2 FRA 与 FFT 分析仪的不同之处

类似 FRA 工作的测试仪器有快速傅里叶变换(FFT:Fast Fourier Transform)分析仪。准确地说 FFT 是指信号处理的算法,而使用这种算法的 CPU 与 A-D 转换器等组合的测试装置一般也称为 FFT。

FFT 不是分析单一频率,而是一次对一定频带的信号进行分析。为此,可以对必要带宽的信号进行快速分析。然而,由于信号是一次扫进,作为单一频率的信息量与 FRA 相比要少,被扫进信号的分辨率受到 A-D 转换器分辨率的限制。因此,精度与动态范围一般都比 FRA 差。

然而,测试机械构造设备的响应时,适合使用 FFT。若使用 FRA 进行正弦波扫描,则机械构造设备会产生共振,有可能被损坏。

7.2.3 FRA 与网络分析仪的不同之处

对于被测试电路的增益与相位的测试功能来说,FRA 与网络分析仪相同。然而,由于作为目标的应用范围不同,因此,在各自性能/功能方面具有不同的特征。

FRA 的主要目的是测试包括机械系统在内的负反馈电路的环路增益。为此,即使是 1Hz 以下的频率,用 1 个波形信号的时间也就结束了测试处理。另外,即使含有直流成分,用信号处理部分就可以消除,不会产生像 RC 隔断直流时的瞬态响应。这样处理的结果,A-D 转换器的动态范围也不会受到影响。另外,信号输出与分析输入是浮置的,这也只是 FRA 的功能。但是,由于这种目的,上限频率较低,为十几兆赫[兹]。

网络分析仪是以高频电路分析为主要目的的,为此,也有上限频率超过 GHz 的分析仪。另外,功能上也不只是测试增益/相位,还具有测试频谱与阻抗的功能,多功能分析仪的机种正在增多。然而,本书介绍的是处理几百赫[兹]以下的环路增益的测试,测试时间较慢,信号输出不是浮置的,下限频率也是 10Hz 左右。因此,不适宜使用网络分析仪。

7.3　PLL 电路中环路增益的测试

7.3.1　使用无源环路滤波器的 PLL

对于 PLL 电路,用于环路控制的线性信号只是环路滤波器的输出部分。对这部分注入信号,并进行测试。

然而,无源环路滤波器的输出阻抗由构成它的 R、C 值决定,一般高达几千欧以上。为此,没有满足用于信号注入的输出阻抗低,而输入阻抗高条件的位置。

这时,如图 7.6(b)所示,接入运放电路来测试 PLL 电路的环路增益。图 7.9 就是现今使用的运放电路。重要之点是信号输入到输出的增益为 1,在测试频率范围内不会产生相位滞后。调节 RV_1 使其增益为 1。对于使用 74HC4046 等无源环路滤波器的 PLL 电路,VCO 是由 MOSFET 构成的,输入阻抗非常高。为此,U_1 使用 FET 输入型运放,从而提高输入阻抗。

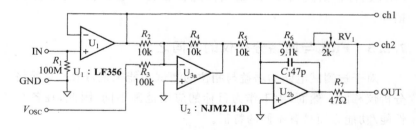

图 7.9　环路增益测试用运放电路

有必要使运放电路的信号输入阻抗与使用的 VCO 的输入阻抗相等。74HC4046 中 VCO 是由 CMOS 构成的,因此,输入阻抗非常高。图 7.9 是使用 FET 输入型运放的电路,在该电路中,接入 100MΩ 的电阻 R_1,用于输入开路时的保护。

R_3 决定来自振荡器的注入信号的振幅。测试 PLL 环路增益时,注入信号的振幅要求非常小,它为振荡器输出振幅的 1/10,这样来选择 R_3 阻值,即为 100kΩ。

图 7.9 所示电路可以测试到 10kHz 左右时的环路增益。

图 7.10 是在 PLL 电路中接入相关电路的框图。环路滤波器的输出与 VCO 的输入部分在片外接线,这里,相关电路使用图 7.9 所示的运放电路。V_{osc} 接 FRA 的振荡器输出端,ch1 和 ch2 接 FRA 的分析输入端。照片 7.2 示出测试中的接线情况。

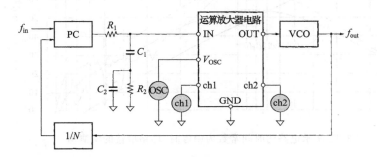

图 7.10 PLL 电路中环路增益的测试

照片 7.2 使用图 7.9 所示电路板(左)而进行测试中的接线情况

图 7.11 是图 3.11 电路的时间常数为中等情况下,设定振荡频率为 100kHz 与 10kHz 时,环路增益的测试结果。振荡频率 100kHz 时,仿真得到的环路增益为 1 时,频率为 44.476Hz,这时相位裕量为 53.1°。相应的测试结果是,频率为 50Hz,相位裕量为 51°。这与理论值几乎一致。

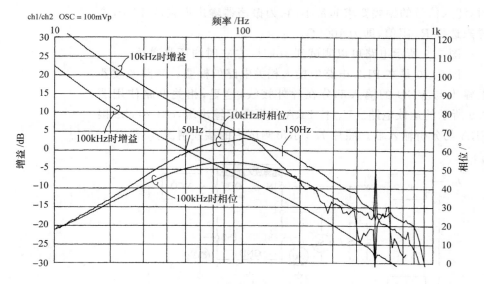

图 7. 11 图 3.11 所示电路的时间常数为中等时,环路增益的实测值

振荡频率 10kHz 时,仿真结果为 169.242Hz,51.3°,测试结果为 150Hz,52°,这与开环点的数值一致。然而,由相位曲线图得到的结果比理论值稍小些。VCO 的控制电压低,根据理论知识,PLL 电路也许不工作。

这就验证了,计算得到的常数大体上是正确的。

7. 3. 2 使用有源环路滤波器的 PLL

对于使用有源环路滤波器的 PLL,由于运放输出为低阻抗,可如图 7.12 所示接入 R_{16},在其两端接 FRA 的振荡器输出。需要注意的是,R_{16} 的阻值要远小于 VCO 的输入阻抗。

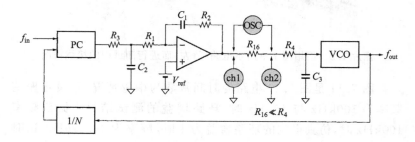

图 7. 12 使用有源环路滤波器时的测试方法

对于 3.4 节中图 3.26 所示的电路,时间常数为中等、设定频率为 25MHz 和 50MHz 时,测试的环路增益如图 7.13 所示。

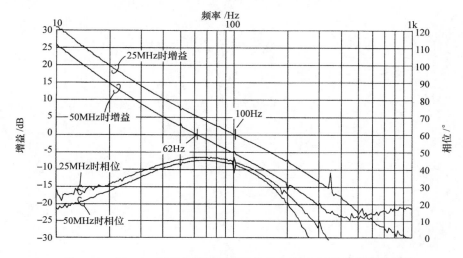

图 7.13 图 3.26 所示电路的时间常数为中等时,环路增益的实测值

仿真的结果如图 3.32(b) 所示,在 50MHz 和 25MHz 情况下,环路增益为 1 时,频率分别为 63.884Hz 和 100.028Hz,其相位裕量分别为 49.381° 和 49.777°。

相应的测试结果是,环路增益为 1 时,频率分别为 62Hz 和 100Hz,这与理论值大体一致。相位裕量为 45°,这与理论值有些差异,但证实了环路滤波器的常数是正确的。

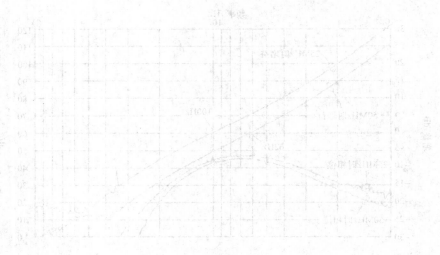

第 8 章
PLL 特性改善技术

（信号纯正度与锁相速度的提高技术）

对于 PLL 电路，输出信号中的寄生成分与相位噪声增多，引起锁相速度变慢等故障。本章介绍导致这些故障的有关事项和解决故障的关键技术。

8.1 优质的电源

电路采用什么样的电源也很重要，尤其是 PLL 电路的场合，若在 VCO 与鉴相器的电源中混有噪声，则输出波形中产生寄生成分，相位噪声增加。

另外，鉴相器常将输入信号与分频器的输出信号通过数字处理进行比较。为此，鉴相器较容易产生输入频率与其高次谐波成分构成的噪声，这些噪声经由电源影响着 VCO，这就是使输出信号频谱劣化的主要原因。

8.1.1 使用 CMOS 反相器电路进行的实验

在 PLL 电路中使用逻辑电平的方波进行相位比较，为此，输入信号为正弦波时，需要将正弦波信号变换为逻辑电平的方波。这种电路如图 8.1 所示，经常使用 CMOS 反相器的电路。

在图 8.1 所示电路中，R_1 决定输入偏置电压，同时兼用负反馈工作。使用的 74HCU04 内由 1 级反相器构成，增益较低，但相位滞后小，即使施加负反馈，电路也能稳定工作。对于相应的同类反相器 74HC04，片内由 3 级反相器构成，增益高，可是相位滞后大。当用于图 8.1 所示电路时，容易产生振荡，有可能使电路不能稳定工作。

74HC04 等 CMOS 逻辑 IC 的阈值电压大致设定为电源电压

的一半,因此,电源电压变化时,阈值电压也随之变化。这样,输入正弦波变换为方波时,占空比跟着变化,于是方波中出现跳动,这使 PLL 电路中输入波形的频谱劣化。

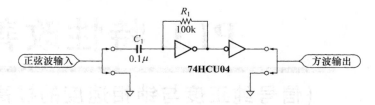

图 8.1 正弦波-方波变换电路

图 8.2(a)是使用 CMOS 反相器 TC74HCU04 作为线性放大器工作的电路。在该电路中,电源电路是采用分立元件构成纹波滤波器(V_{CC1})与三端子集成稳压器(V_{CC2})组成,通过实验观察一下电源变化(纹波)的影响。

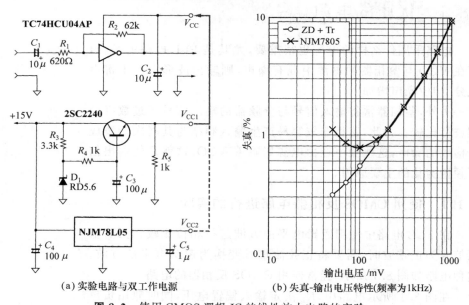

(a) 实验电路与双工作电源 　　　　(b) 失真-输出电压特性(频率为 1kHz)

图 8.2 使用 CMOS 逻辑 IC 的线性放大电路的实验

图 8.2(b)所示为输出波形的失真特性。使用三端子集成稳压器时,纹波在 200m V_{RMS} 以下时失真增加,这种增加不只是纯粹的高次谐波的失真,在输出波形中混入的噪声也是失真增加的原因之一。

图 8.3(a)和(b)是输入短路时作为放大器工作的反相器,其输

出(噪声波形)放大 1000 倍的波形,而图 8.3(c)和(d)是用 FFT 分析仪分析其输出噪声波形的频谱。100Hz 附近的噪声密度相同,而其以上频率时,使用三端子集成稳压器的噪声密度也比使用分立元件构成的纹波滤波器时增大,特别是在 30kHz 附近出现峰值。

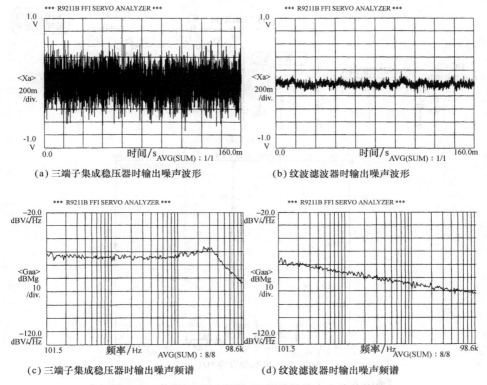

(a) 三端子集成稳压器时输出噪声波形   (b) 纹波滤波器时输出噪声波形

(c) 三端子集成稳压器时输出噪声频谱   (d) 纹波滤波器时输出噪声频谱

图 8.3 使用 CMOS 逻辑 IC 的线性放大电路的特性

这种噪声峰值是由于三端子集成稳压器的输出噪声引起的。负载较轻时,在三端子集成稳压器内部的负反馈电路中产生峰值,使其噪声增大。

因此,对于图 8.1 所示的电路,正弦波变换为方波时,使用分立元件构成的纹波滤波器时,方波中出现跳动的程度也比使用如图 8.2(a)所示的三端子集成稳压器时要小。

8.1.2 使用晶体振荡电路进行的实验

图 8.4(a)是使用非常普通的 CMOS 反相器构成的晶体振荡电路。这里,通过实验考察一下,电源中的纹波对这种振荡电

路有怎样的影响。U_{1a} 为振荡电路,为了只检测 U_{1a} 产生的频率变化成分,使用另一个封装的 IC U_{2a} 构成缓冲器,为使其输出振幅成分不受电源电压变化的影响,而使用另一个低噪声电源为 U_{2a} 提供 +5V 电压。

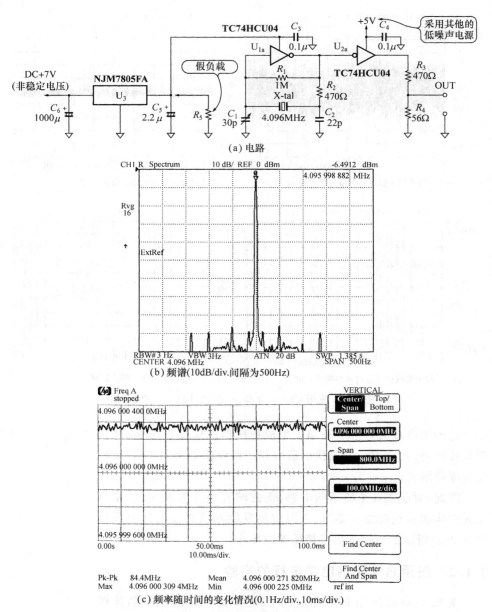

(a) 电路

(b) 频谱(10dB/div.间隔为500Hz)

(c) 频率随时间的变化情况(0.1Hz/div.,10ms/div.)

图 8.4 电源纹波影响的实验

  图 8.4(b)所示为电源中无纹波时的频谱。在比载波低
−80dB 处,观察到的寄生成分认为是由电源频率引起的。这是由
于测试界限导至的,而不是由晶体振荡电路引起的。

  图 8.4(c)是用调制磁畴分析仪(HP-53310A)测试的结果,横轴
为时间,纵轴为频率。观察到频率变化的最大量为 84.4mHz。

  在三端子集成稳压器的输出端接上假负载电阻 R_5,设定电源
纹波(参看照片 8.1)为 $5mV_{peak}$。在这种状态下,振荡波形的频谱
如图 8.5(a)所示。在偏移载波 100Hz 的频率处,由于电源纹波影
响也出现约−55dBc 的寄生成分。图 8.5(b)表示频率变化的情
形,由此可见,对于电源纹波的周期,产生 2.359Hz 的频率变化。

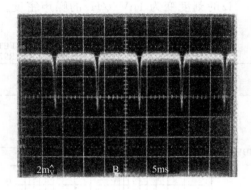

照片 8.1 电源纹波的情形(2mV/div. ,5ms/div.)

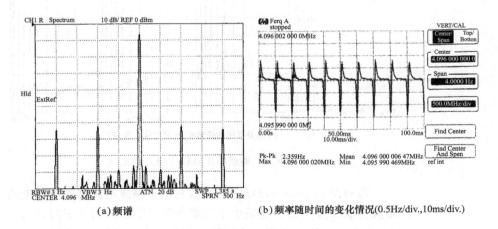

     (a)频谱   (b)频率随时间的变化情况(0.5Hz/div.,10ms/div.)

图 8.5 电源中有纹波时的输出特性

　　这样，即使采用频率非常稳定的晶体振荡电路，若电源中稍有些纹波，在输出信号中也将表现出其影响。对于 PLL 电路，要得到频谱纯正度高的信号时，电源纯正度是非常重要的指标。

8.1.3　串联稳压器噪声特性的比较

　　根据以上二个实验，按图 8.6 所示连接方法，对于各种集成稳压器输出噪声特性的观察结果如图 8.7(a)～(f)所示。集成稳压器输出电压由电容进行隔直，并由低噪声放大器将其噪声放大 1000 倍，用 FET 分析仪对其输出进行噪声分析。因此，$-120\mathrm{dBV}/\sqrt{\mathrm{Hz}}$ 的刻度变为 $1\mathrm{nV}/\sqrt{\mathrm{Hz}}$ 的噪声密度。

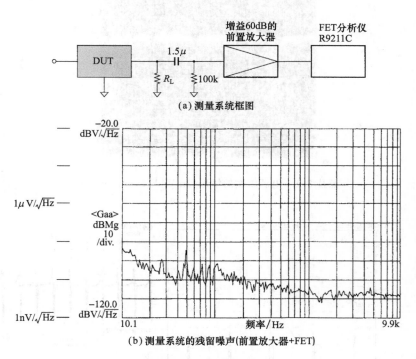

(a) 测量系统框图

(b) 测量系统的残留噪声(前置放大器+FET)

图 8.6　集成稳压器输出噪声的测试

　　若对图 8.7(a)～(f)进行比较，三端子集成稳压器噪声密度的增大是非常显著的。这是由于三端子集成稳压器的端子限定为三个，用电容不能衰减集成稳压器内部元件产生的噪声，该噪声呈现在输出端的缘故。

　　为了抑制这种噪声,可以考虑在输出端接入电容,但三端子集成稳压器的输出阻抗非常低(几十毫欧)。因此,即使在输出端接入大容量电解电容(参见图 8.8),由于电解电容的等效直流电阻ESR(几十毫欧)的影响,不能有效地衰减三端子集成稳压器的输出噪声。三端子集成稳压器的输出阻抗与电解电容的 ESR 值相同时,噪声电压只是一半。

　　最近也公布了用于降低输出噪声可接电容端子的稳压器,因此,使用这种稳压器有望得到低噪声的电源。

　　电源的交流成分要小,这点非常重要。交流成分基本上是电源变压器等漏磁通大造成的,因此,选择在无漏磁通交链处尽可能小型表面贴装,这点也很重要。

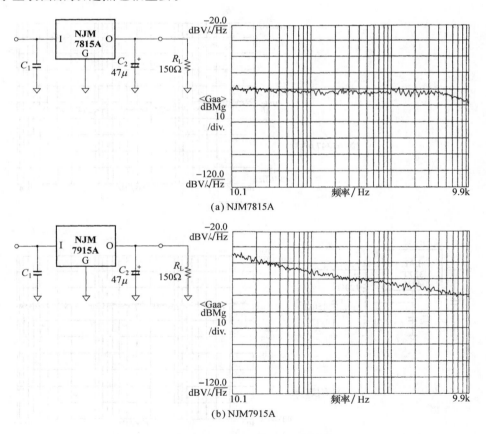

图 8.7　各种集成稳压器的噪声特性

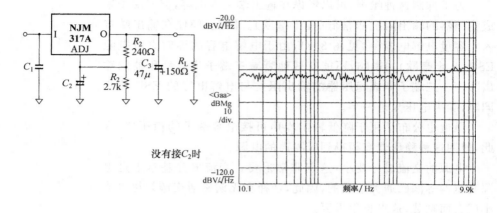

没有接C_2时

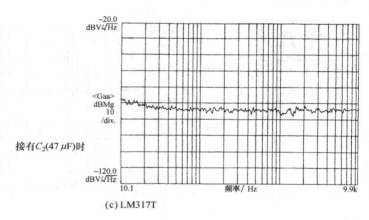

接有C_2(47 μF)时

(c) LM317T

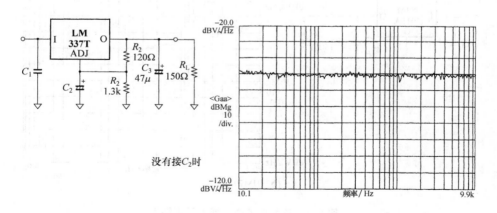

没有接C_2时

图 8.7 （续）

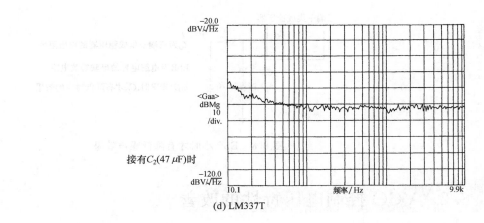

(d) LM337T

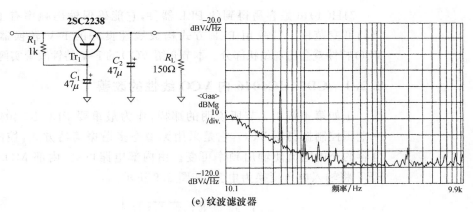

(e) 纹波滤波器

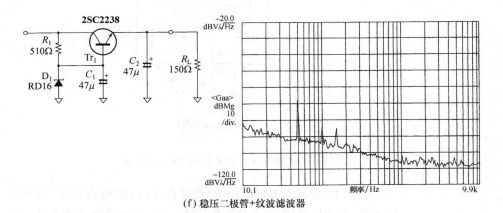

(f) 稳压二极管+纹波滤波器

图 8.7 （续）

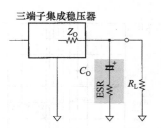

三端子集成稳压器

Z_O为三端子集成稳压器的输出阻抗

ESR为电解电容的串联等效电阻

$Z_O \gg$ESR时，C_O才有降低噪声的效果

图 8.8 ESR 小时才有降低噪声效果

8.2 VCO 控制电压特性的改善

74HC4046 是容易得到的 PLL 器件，它能确保输出频率有 10 倍的可变范围。若采用 PLL 方式构成线性良好的 F-V 转换器，VCO 特性就会出现颈状部分。本节介绍 VCO 的 F-V 特性改善实例。

8.2.1 CD74HC4046 内 VCO 线性的改善

正如第 4 章 4.1 节所说明的那样，作为最重要 PLL IC 4046 中电压控制振荡器 VCO，它是采用无稳态多谐振荡器方式，控制电容的充电电流使输出频率可变。由内部电路可见，内部 MOS-FET 将输入电压变换为电流，如图 8.9 所示。

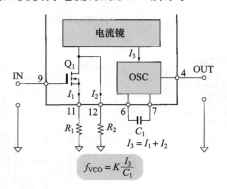

图 8.9 4046 片内 VCO 的构成

图 8.10 表示 CD74HC4046AE 片内 VCO 的输出频率–控制电压特性，由特性可知，输入控制电压在 0.8V 附近曲线急剧变化。这是由于用于进行 V-I 变换的 MOSFET（Q_1）的 I_D-V_{GS} 特性变为图 8.11 所示特性的缘故，可以推测 Q_1 的夹断电压 V_p 约为 0.8V。

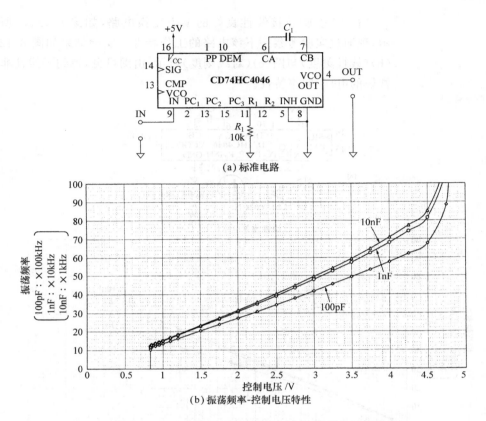

(a) 标准电路

(b) 振荡频率-控制电压特性

图 8.10 4046 片内 VCO 的输出频率-控制电压特性

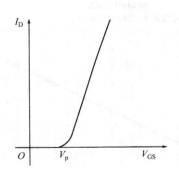

图 8.11 推测 Q_1 的 I_D-V_{GS} 特性

若外接正确的 V-I 变换电路替代 Q_1,则 74HC4046 的 F-V 特性应该得到最佳改善。正好 74HC4046 配置有 12 引脚,该引脚可连接用于决定最低频率的 R_2。12 引脚的电位比电源电压低 0.5V 左右,不受 R_2 中电流的影响而保持恒定。

在 12 引脚外接线性良好的 *V-I* 变换电路,如图 8.12(a)所示,现通过实验考察一下该电路的工作特性。实验结果如图 8.12(b)(线性刻度)与图(c)(对线刻度)所示,由图可见,得到了线性非常好的电压-频率特性。

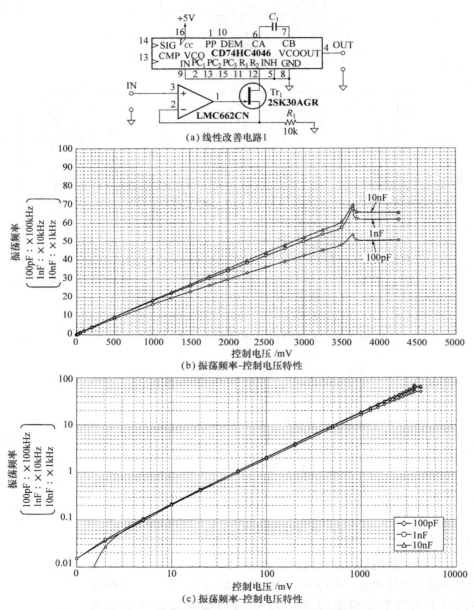

(a) 线性改善电路1

(b) 振荡频率-控制电压特性

(c) 振荡频率-控制电压特性

图 8.12 外接线性良好的 *V-I* 变换电路及其特性①

　　然而,在控制电压超过 3.5V 处,控制特性出现峰值。其原因是控制电流增加时,R_1 的两端电压也随之增加,由于 Tr_1 的集电极电位保持恒定,Tr_1 的 V_{DS} 变为 0V 而进入饱和状态。该 3.5V 电压值随 Tr_1 使用的 FET(2SK30AGR)的 I_{DSS} 等不同而异。

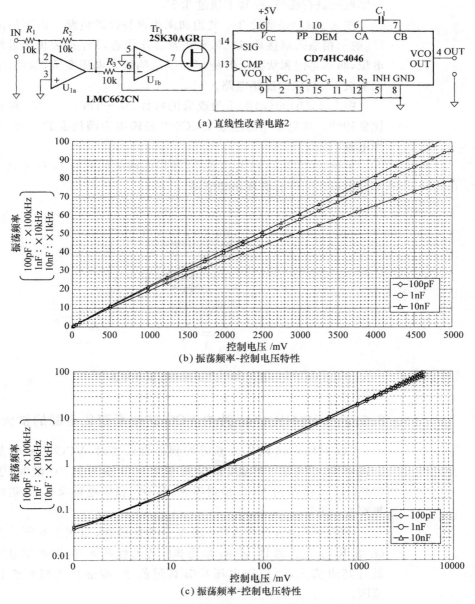

(a) 直线性改善电路2

(b) 振荡频率-控制电压特性

(c) 振荡频率-控制电压特性

图 8.13 外接线性良好的 V-I 变换电路及其特性②

根据这种峰值特性,若将电压-频率变换特性反过来,由于 PLL 电路为闭环状态,这就变成输出频率变低→控制电压变高→输出频率下降……这样的正反馈。在控制电压最大点处有可能发生闭锁。为此,在图 8.12(a)所示电路中,需要用稳压二极管等将控制电压进行箝位,使其不超过 3.5V。

图 8.13(a)是通过 Tr_1 的饱和来改善特性的电路。由于运放 U_{1b} 的同相输入端接地,U_{1b} 限于正常工作状态,Tr_1 的源极接近地电位,而不是饱和状态。但是,由于 U_{1b} 的输入电压变负,因此,增设前级 U_{1a} 构成的反相电路。

图 8.13(b)和(c)所示为改善的特性,从 +1mV～+5V 得到优良特性。这里使用的运放 LMC662 是输出为满幅度的运放,工作电源电压为 ±5V。

另外,在实际的 PLL 电路中,使用的情况如图 8.14 所示,U_{1a} 部分也可以用作有源环路滤波器。

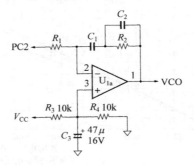

图 8.14 前级用作有源滤波器

8.2.2 CD74HC4046 片内 VCO 的频率变化范围的扩大

CD74HC4046 用作低频时钟频率合成器时,VCO 的线性如上述不会有问题。然而,确保频率变化范围为其 10 倍时,若 CD74HC4046 片内 VCO 原封不动,则不能稳定地确保有 10 倍的频率变化范围。

CD74HC4046 片内 VCO 的 V-F 变换特性,由图 8.9 所示的 Q_1 和 R_1 决定。因此,若 R_1 采用非线性特性的元件,即控制电压低时其阻值大,而控制电压高时其阻值小,则能扩大频率变化范围。

若说到两端电压低时其阻值高,而两端电压高时其阻值低的

元件,二极管正好具有这种特性。在图 8.15(a)所示电路中,使用
多个二极管串联时,其 V-F 特性如图 8.15(c)所示。若使用 8 个
1N4148 二极管串联,再串联 1 个 1kΩ 的电阻,则频率变化范围变
得非常宽,达到 3 个数量级以上。若使用 5 个二极管串联,则得到
2 个数量级的频率变化范围。

　　然而,使用多个二极管时,频率变化范围不太灵敏,几乎都是
10 倍,并留有一定的裕量。这里,如图 8.15(b)所示,若使用稳压
二极管 RD2.7EB2 与 3.3kΩ 电阻串联的电路,替代多个二极管的
串联电路,对于作为需要 10 倍频率变化范围的 VCO,这时能得到
较满意的电压-频率特性的电路。

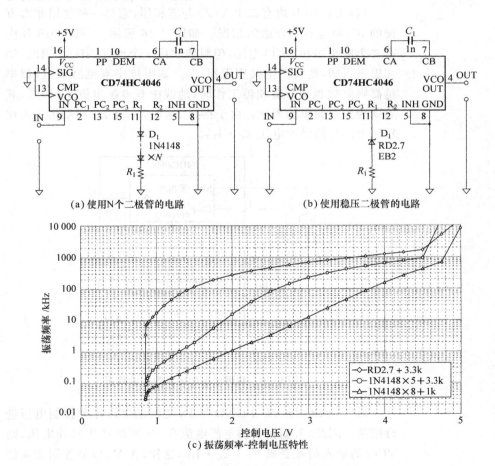

(a) 使用N个二极管的电路　　　　　　(b) 使用稳压二极管的电路

(c) 振荡频率-控制电压特性

图 8.15　扩大频率变化范围的电路

8.3 VCO 与鉴相器之间的干扰

对于 PLL 电路,输入信号与 VCO 的振荡信号通过分频器进行反馈并比较,用环路滤波器滤除该比较频率成分。然而,用环路滤波器即使能对比较信号频率有较大的衰减,若不能减小 VCO 的比较频率中寄生成分,则有可能使电路出现故障。原因之一是 VCO 与鉴相器之间产生干扰。

8.3.1 74HC4046 中 VCO 与鉴相器同在的情况

74HC4046 片内有二个 VCO 与鉴相器,它是一种使用非常方便的 IC,但也有不合适的情况。如图 8.16 所示,74HC4046 片内有二个鉴相器和 VCO 电路,但封装共用 1 个地(GND)。因此,稍加思索可知,地线产生共用阻抗 Z_C。该阻抗中有电感成分,频率越高则阻抗越高。鉴相器工作时,地线中有电源电流 I_{PD} 流通,其周期为比较频率的周期。由于存在 I_{PD} 和 Z_C,在 Z_C 两端出现由比较频率产生的脉冲电压 $Z_C \cdot I_{PD}$。

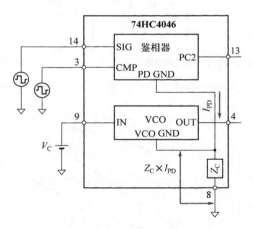

图 8.16 共用地引起噪声混入的情况

另外,VCO 将 VCO GND 与 IN 之间的电压作为控制电压进行振荡。因此,若鉴相器的电源电流在 Z_C 两端产生脉冲电压,则 VCO 的输入信号变成 $V_C + Z_C \cdot I_{PD}$,这样,在 VCO 的控制输入信号中就混入有比较频率成分。

8.3.2 用 1 个 74HC4046 进行的实验

图 8.17(a)是使用 CD74HC4046AE 的 PLL 基本电路。这是

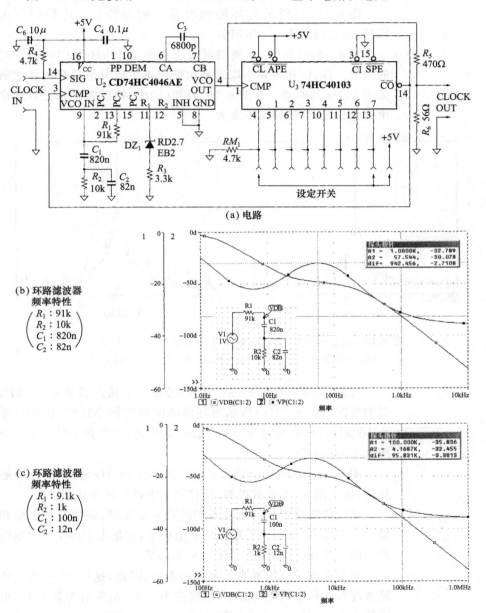

(a) 电路

(b) 环路滤波器
频率特性
$R_1 : 91k$
$R_2 : 10k$
$C_1 : 820n$
$C_2 : 82n$

(c) 环路滤波器
频率特性
$R_1 : 9.1k$
$R_2 : 1k$
$C_1 : 100n$
$C_2 : 12n$

图 8.17 输出频率为 10～100kHz 时的 PLL 基本电路

使用可编程分频器 74HC40103 进行 10～100 的分频,从而得到 10～100 倍输入频率的电路。输出端接入的 R_5 和 R_6,是用于使其与频谱分析仪的 50Ω 输入阻抗相匹配的电阻。

图 8.17(b)所示为环路滤波器的频率特性。比较频率为 1kHz 时衰减量为 32.789dB。

图 8.18(a)和(b)分别表示输出频率为 10kHz 和 100kHz 时的频谱。1kHz 比较频率以及高次谐波寄生成分呈现在偏移输出频率 1kHz 的两端。在图 8.18(a)和(b)中,都能观察到比较频率中寄生成分,但其值都不太大。

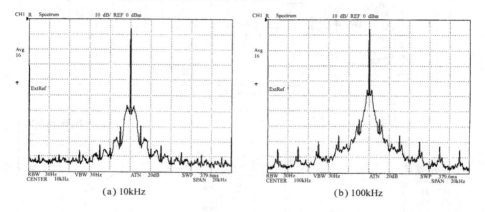

(a) 10kHz　　　　　　　　(b) 100kHz

图 8.18　输出频率为 10～100kHz 时 PLL 基本电路的频谱
($R_1 = 91$kΩ, $R_2 = 10$kΩ, $C_1 = 820$nF, $C_2 = 82$nF, $C_3 = 6.8$nF)

其次,改变同电路的 RC 常数,考察一下输入频率为 100kHz 时的情况。图 8.17(c)所示为环路滤波器的频率特性,比较频率为 100kHz 时,衰减量为 −35.836dB。因此,比较频率时衰减量与图 8.17(b)相同。

图 8.19(a)和(b)分别表示输出频率为 1MHz 和 10MHz 时的频谱,这与图 8.18 比较可知,比较频率中寄生成分显著增加。

环路滤波器引起的比较频率的衰减量相同,寄生成分也应相同。人们认为,这种显著增加的寄生成分,它是由于环路滤波器以外处的比较频率成分混入 VCO 中引起的。

还要考虑下节所说明的死区的影响,因此,这里,在不改变环路滤波器的频率特性情况下,阻抗变为 1/10(电阻值为其 1/10,电容值为其 10 倍)时,频谱如图 8.20(a)和(b)所示。对于比较频率中寄生成分谷点的感觉是干净利索,但寄生成分并没有减少。

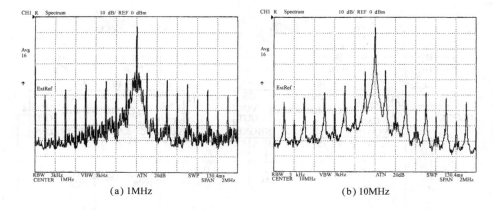

(a) 1MHz   (b) 10MHz

图 8.19 输出频率为 1～10MHz 时 PLL 基本电路的频谱

$(R_1 = 9.1\text{k}\Omega, R_2 = 1\text{k}\Omega, C_1 = 100\text{nF}, C_2 = 12\text{nF}, C_3 = 82\text{pF})$

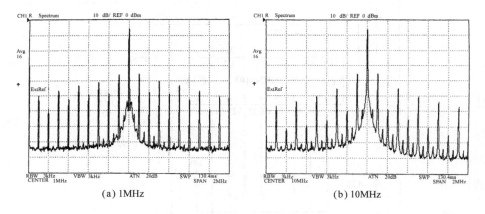

(a) 1MHz   (b) 10MHz

图 8.20 输出频率为 1～10MHz 时 PLL 基本电路的频谱

（环路滤波器的阻抗为其 $1/10$；$R_1 = 910\Omega, R_2 = 100\Omega, C_1 = 1\mu\text{F}, C_2 = 120\text{nF}, C_3 = 82\text{pF}$）

8.3.3 使用 2 个 74HC4046 进行的实验（VCO 和鉴相器在不同的封装中）

为了避免 VCO 与鉴相器之间干扰，使用 2 个 CD74HC4046AE，VCO 与鉴相器各自在不同的封装中，其应用实例如图 8.21 所示。

图 8.22 是这种实例的频谱，由此可见，比较频率 100kHz 中寄生成分急剧减少。人们认为，这是最初说明的共用阻抗减少了鉴相器对 VCO 的干扰。

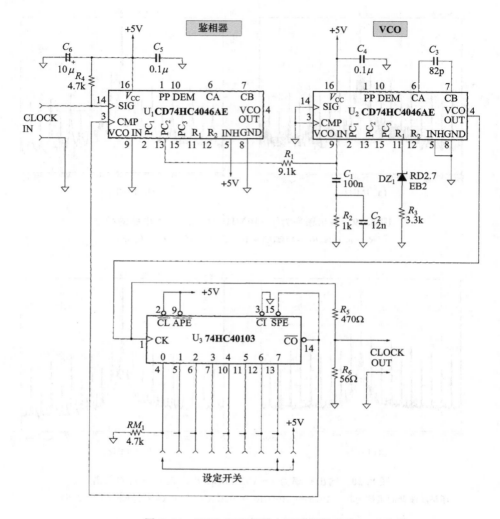

图 8.21 VCO 和鉴相器在不同封装中的 PLL 电路

图 8.23 表示环路滤波器的阻抗为其 1/10 时的频谱。这与图 8.19 所示频谱相比,得到优良的频谱。

8.4 鉴相器的死区

4046 片内鉴相器 PC_2 可对频率进行比较,无相位差时为高阻状态。为此,环路滤波器中相位比较频率的衰减量小,PLL 电路的锁相速度可以很高。

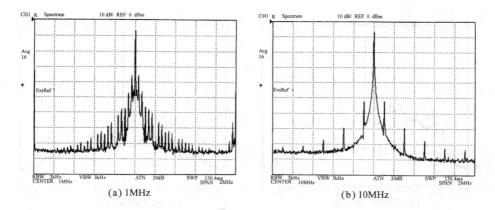

(a) 1MHz　　　　　　　(b) 10MHz

图 8.22　VCO 和鉴相器在不同封装中,输出频率为 1~10MHz 时 PLL 电路的频谱
($R_1 = 9.1\text{k}\Omega, R_2 = 1\text{k}\Omega, C_1 = 100\text{nF}, C_2 = 12\text{nF}, C_3 = 82\text{pF}$)

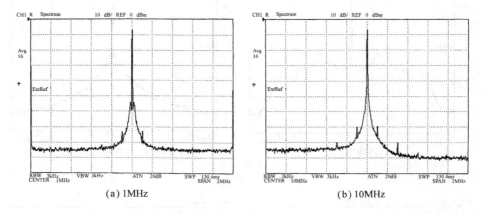

(a) 1MHz　　　　　　　(b) 10MHz

图 8.23　VCO 和鉴相器在不同封装中,输出频率为 1~10MHz 时 PLL 电路的频谱
（环路滤波器的阻抗为其 1/10；$R_1 = 910\Omega, R_2 = 100\Omega, C_1 = 1\mu\text{F}, C_2 = 120\text{nF}, C_3 = 82\text{pF}$）

　　然而,若用 PLL 电路要得到高纯正度的信号,那么,第 4 章
4.2 所说明的鉴相器 PC_2 的死区问题,要作为一个麻烦的问题
特别提出来。

8.4.1　用 74HC4046 进行死区影响的实验

　　为了观察死区的影响,采用构成 PLL 电路的图 8.21 所示电路
进行实验,这是容易出现死区而比较频率较高(100kHz)的电路。在
不更换 VCO 用 IC U_2 时,只要将鉴相器 U_1 换成内有三种鉴相器的
74HC4046 即可,这时,输出频谱如图 8.24(a)~(c)所示。

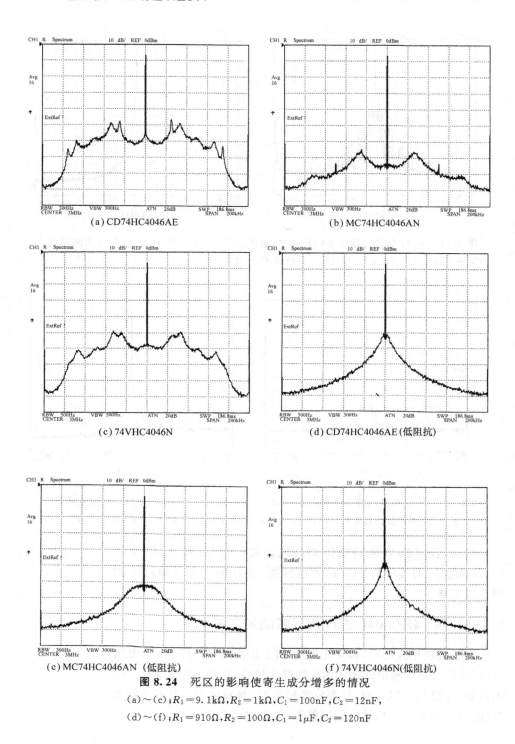

(a) CD74HC4046AE

(b) MC74HC4046AN

(c) 74VHC4046N

(d) CD74HC4046AE(低阻抗)

(e) MC74HC4046AN (低阻抗)

(f) 74VHC4046N(低阻抗)

图 8.24 死区的影响使寄生成分增多的情况

(a)~(c): $R_1 = 9.1\mathrm{k}\Omega, R_2 = 1\mathrm{k}\Omega, C_1 = 100\mathrm{nF}, C_2 = 12\mathrm{nF}$,

(d)~(f): $R_1 = 910\Omega, R_2 = 100\Omega, C_1 = 1\mu\mathrm{F}, C_2 = 120\mathrm{nF}$

即使是使用同样的 74HC4046,由此可见,寄生成份输出随厂家不同而有些差别。另外,若在环路滤波器的频率特性相同时降低阻抗,则如图 8.24(d)～(f)所示,寄生特性得到改善。然而,在完全观察不到寄生成分的情况下,可将时间间隔放大来确认其影响。

8.4.2 PC₂ 与巴厘枚嘎模块 VCO 的组合使用

使用 4046 片内双稳态多谐振荡器式 VCO 对输出频谱的改善是有限的,因此,这里采用三氧钽酸锂(LiTaO₃)振子的 VCO 进行实验。

三氧钽酸锂振子如表 8.1 所示,它的特性位于晶体振子与陶瓷振子之间,采用这种振子构成 VCO 时,可以得到相位噪声小而纯正度高的信号。这种 VCO 由富士通媒体策划公布,其商品命名为巴厘枚嘎模块(Barimega Model)。现如今使用的 VCO 是很多数字声频中使用的器件。

表 8.1 各种压电振子的特性

	LiTaO₃	晶体(AT 切割)	陶瓷	备注
电气与机械耦合系数 k	0.43	0.07	0.50	
机械性能指数 Q	5,000	200,000	1,250	
等效串联电感 L_S	4.1mH	13mH	0.4mH	
等效串联电容 C_S	0.39pF	0.012pF	4.3pF	
等效并联电容 C_D	3pF	4pF	40pF	
谐振频率的温度特性	200ppm	20ppm	5,000ppm	$-10\sim60℃$ 的实例

巴厘枚嘎模块的内部电路如图 8.25 所示,而 VCO 的控制输入端已经内接有 0.1μF 的电容。因此,决定环路滤波器的常数时,一定要考虑这个电容。

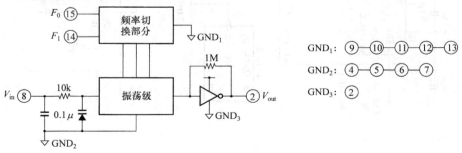

图 8.25 巴厘枚嘎模块的框图

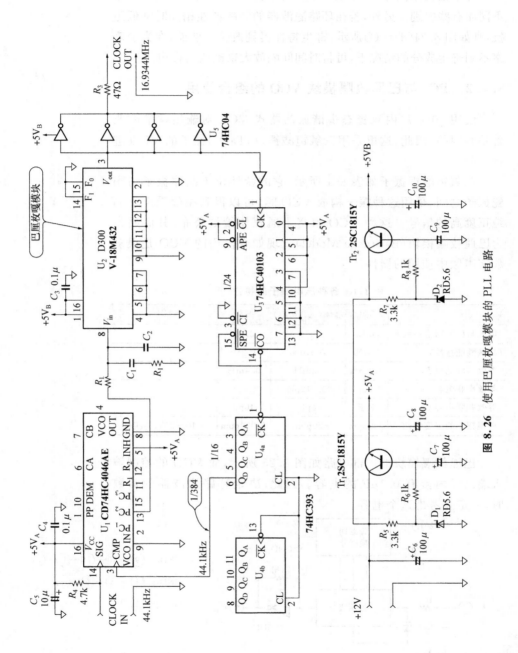

图 8.26 使用巴厘板嘎模块的 PLL 电路

图 8.26 是使用巴厘枚嘎模块的 PLL 电路,它将输入 44.1kHz 的时钟脉冲变换为其 384 倍的 16.9344MHz 信号。在 C_2 的接入处与以前有一些差异,但由于 VCO 的输入端已经内接有 $0.1\mu F$ 的电容,因此,这样连接时,可以得到几乎相同的频率特性。

另外,为了消除鉴相器与 VCO 的干扰,通过另外的纹波滤波器供给电源。

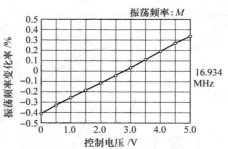

图 8.27 巴厘枚嘎模块的 F-V 特性

图 8.27 所示为巴厘枚嘎模块的输入控制电压-输出频率特性,几乎为线性特性,在 0~5V 约有 0.7% 的频率变化。

除了环路滤波器之外,频率特性为 0dB 时,其频率可按下式进行计算。

$$f_{vcn} = \frac{16.9344\text{MHz} \times 0.7\% \times 2\pi}{5V} \times \frac{5V}{4\pi} \times \frac{1}{384 \times 2\pi} \approx 24.57\text{Hz}$$

由于 VCO 的频率可变范围很窄,因此,频率变得非常低。对于这种电路,相位比较频率变得比较高,为 44.1kHz。为此,环路滤波器特性的平坦部分即使有较少衰减,由于在 44.1kHz 时能确保有足够大的衰减量,因此,平坦部分的衰减量为 -10dB。这时,开环频率变为:

$$24.57 \div 3.16 \approx 7.78(\text{Hz})$$

于是,通过附录 B 所示无源滤波器 $M = -10\text{dB}$ 的规格化表,可以查到 f_L 对应值为 0.55,f_H 对应值为 2.88。因此可根据

$$f_L = 7.78 \times 0.55 = 4.279(\text{Hz})$$
$$f_H = 7.78 \times 2.88 = 22.41(\text{Hz})$$

来计算环路滤波器的值。

首先,若设定 $R_2 = 10\text{k}\Omega$,则由 $f_H = 22.41\text{Hz}$,得到 $C_2 = 710\text{nF}$。由于 VCO 的输入端接有 100nF 电容,若 $C_2 = 680\text{nF}$,则有 100nF + 680nF = 780nF,若对 R_2 进行补偿,则有 $R_2 \approx 9.1\text{k}\Omega$。若 $R_2 = 9.1\text{k}\Omega$,由 $f_L = 4.279\text{Hz}$,则有

$$C_1 + C_2 = 4.09(\mu F)$$

因此,$C_1 = 3.3\mu F$,由 $M = -10\text{dB}$,则有

$$R_1 = R_2 \times 2.16 \approx 20(\text{k}\Omega)$$

　　根据以上常数对环路滤波器进行仿真,其结果如图 8.28 所示。比较频率为 44.1kHz 时有足够大的衰减量,为 -72.709dB。

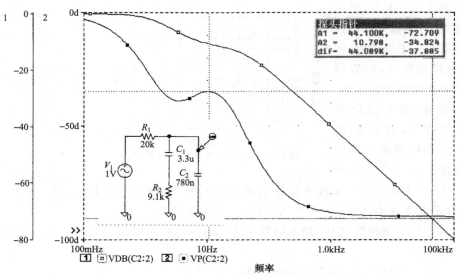

图 8.28 使用 PC2 时环路滤波器的特性

　　图 8.29 所示为整个 PLL 电路的开环特性。开环频率为 7.9434Hz,这时,相位滞后为 $-125.428°$,相位裕量约为 $55°$,其值是适宜的。

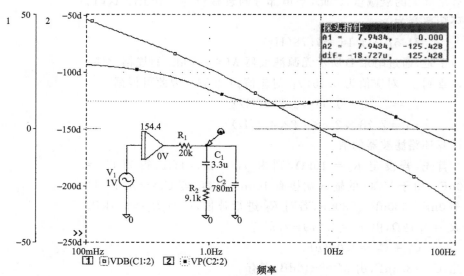

图 8.29 使用 PC$_2$ 时整个的环路特性

图 8.30 是所得到的频谱。采用 100kHz 间隔,不能观察到比较频率 44.1kHz 的寄生成分,由此可见,这为优良的频谱。然而,若将间隔放大到 1kHz,则能观察到被认为是死区影响带来的不稳定寄生成分。若提高环路滤波器的阻抗,则这种寄生成分使频谱进一步变坏。

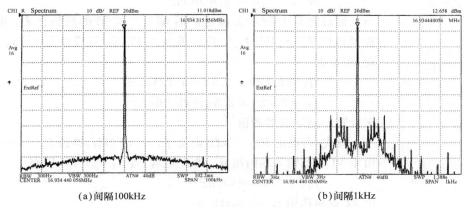

(a)间隔100kHz   (b)间隔1kHz

图 8.30　使用 PC_2 时的频谱特性

8.4.3　4046 中 PC_1 与巴厘枚嘎模块 VCO 的组合使用

由上述的实验可知,若采用鉴相器 PC_2,则由于死区的影响不能得到优良的频谱。如第 4 章 4.2 节所说明的那样,4046 内还有由异或门构成的鉴相器 PC_1。这种 PC_1 不能进行频率比较,因此,在 VCO 振荡频率范围内不能锁相。另外,锁相时鉴相器常输出占空比为 50% 的时钟脉冲,其频率为相位比较频率的倍频。因此,环路滤波器要求这种时钟脉冲不能有足够大衰减的频率特性。可是,PLL 进行锁相时,由于常输出时钟脉冲,因此,在相位比较特性的锁定附近不会产生非线性。

对于现用的 PLL 电路,VCO 频率可变范围窄,开环频率变低,相位比较频率高到 44.1kHz,比较频率中的衰减量必然增大,这表现了使用无死区影响 PC_1 带来的优点。电路构成只是将连接图 8.26 中 U_1 的 PC_2(13 脚)改为连接 PC_1(2 脚)即可。

鉴相器 PC_1 和 PC_2 的增益不同,因此,要重新对环路滤波器进行设计。除了环路滤波器之外,频率特性为 0dB 时,其频率可按下式进行计算。

$$f_{\text{vcn}} = \frac{16.9344\text{MHz} \times 0.7\% \times 2\pi}{5\text{V}} \times \frac{5\text{V}}{\pi} \times \frac{1}{384 \times 2\pi} \approx 98.26\text{Hz}$$

使用 PC_1 构成的电路与使用 PC_2 时相比，比较频率中应需要较大的衰减量，其增益也比 PC_2 大，因此，环路滤波器特性平坦部分的衰减量为 -20dB。这时，开环频率变为：

$$98.26 \div 10 \approx 9.826(\text{Hz})$$

通过附录 B 所示无源滤波器 $M = -20\text{dB}$ 的规格化表，可以查到相位滞后 $-45°$ 时，f_L 对应值为 0.43，f_H 对应值为 2.55。因此，可根据

$$f_L = 9.826 \times 0.43 = 4.225(\text{Hz})$$
$$f_H = 9.826 \times 2.55 = 25.06(\text{Hz})$$

来计算环路滤波器的值。

首先，若设定 $R_2 = 10\text{k}\Omega$，则由 $f_H = 25.06\text{Hz}$，得到 $C_2 = 635\text{nF}$。由于 VCO 的输入端内接有 100nF 电容，若 $C_2 = 560\text{nF}$，则有

$$100 + 560 = 660(\text{nF})$$

由 24 系列选用 $R_2 = 10\text{k}\Omega$。

若 $R_2 = 10\text{k}\Omega$，由 $f_L = 4.225\text{Hz}$，则有

$$C_1 + C_2 \approx 3.767(\mu\text{F})$$

因此，$C_1 = 3.3\mu\text{F}$，由 $M = -20\text{dB}$，则有

$$R_1 = R_2 \times 9 \approx 91(\text{k}\Omega)$$

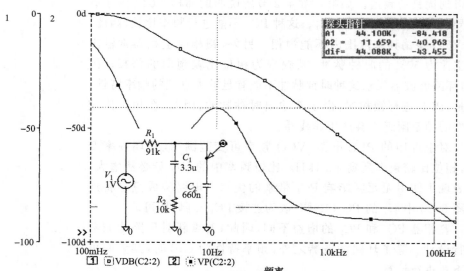

图 8.31 使用 PC_1 时环路滤波器的特性

根据以上常数对环路滤波器进行仿真,其结果如图 8.31 所示。比较频率为 44.1kHz 时有足够大的衰减量,为 -84.418dB。

图 8.32 所示为整个 PLL 电路的开环特性。开环频率为 9.0731Hz,这时,相位滞后为 $-131.634°$,相位裕量约为 $48°$,其值是适宜的。

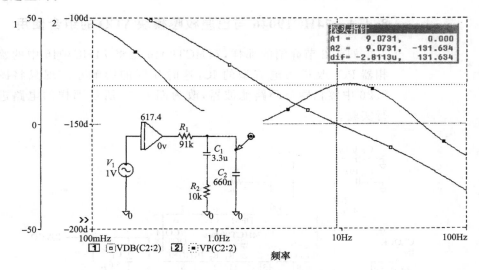

图 8.32 使用 PC_1 时整个环路特性

图 8.33 是所得到的频谱。采用 100kHz 间隔,不能观察到比较频率 44.1kHz 的寄生成分,由此可获得优良的频谱。然而,即使将间隔放大到 1kHz,也观察不到不稳定的寄生成分。考虑到市电频率影响会带来寄生成分时,可采用屏蔽与电源对策使其减少。

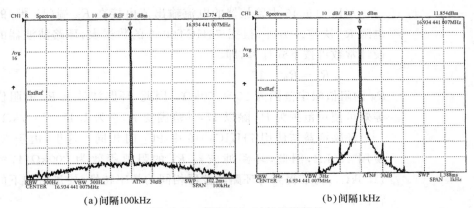

(a)间隔100kHz (b)间隔1kHz

图 8.33 使用 PC_1 时的频谱特性

由于该电路使用 PC_1，因此，在 VCO 振荡频率范围内都不能进行锁定。失锁状态时，输入频率可在锁定频率附近，锁定的频率范围称为捕获范围，这时捕获范围为 $44.04\sim44.12\mathrm{kHz}$。

另外，输入频率偏离锁定状态，失锁的频率范围称为锁定范围，这时锁定范围为 $44.00\sim44.20\mathrm{kHz}$。

8.4.4 74HCT9046 与巴厘枚嘎模块 VCO 的组合使用

如 4.2 节介绍的那样，74HCT9046 是将 74HC4046 中的鉴相器 PC_2 改进为电流型的 IC，这时死区的影响小。现只将图 8.26 中鉴相器与环路滤波器，改为图 8.34 所示那样的电路进行实验。

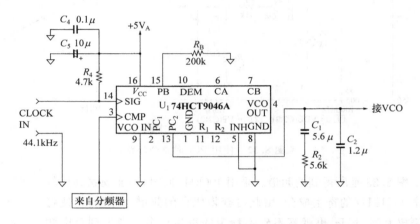

图 8.34 鉴相器使用 74HCT9046

74HCT9046 中鉴相器的电流输出值由接在 R_B 端（15 脚）的电阻 R_B 决定。另外，根据 74HCT9046 的数据表，环路滤波器的设计常数可按下式计算，即

$$R_1 = R_B \div 17$$

R_B 的阻值限定范围为 $25\sim250\mathrm{k}\Omega$。因此，环路滤波器 R_1 的阻值等效可使用范围为 R_B 除以 17，其范围变窄，它为 $1.47\sim14.7\mathrm{k}\Omega$。

环路增益与使用 7HHC4046 中 PC_2 时相同。这里，由于 R_B 使用 $200\mathrm{k}\Omega$，因此，环路滤波器 R_1 的阻值等效为 $200\mathrm{k}\Omega/17\approx11.8\mathrm{k}\Omega$。为了得到与环路滤波器相同的频率特性，要进行如下的转换。

$$R_2 = 9.1\mathrm{k}\Omega \times (11.8\mathrm{k}\Omega/20\mathrm{k}\Omega) \approx 5.4\mathrm{k}\Omega$$

$$C_1 = 3.3\mu\text{F} \div (11.8\text{k}\Omega/20\text{k}\Omega) \approx 5.6\mu\text{F}$$

$$C_2 + 100\text{nF} = 780\text{nF} \div (11.8\text{k}\Omega/20\text{k}\Omega) \approx 1.32\mu\text{F}$$

根据以上计算,从 E12 系列中选用 $R_2 = 5.6\text{k}\Omega$,$C_1 = 5.6\mu\text{F}$,$C_2 = 1.2\mu\text{F}$。

该电路得到的频谱如图 8.35 所示,即使将间隔放大到 1kHz,也没有观察到不稳定的寄生成分,很明显没有死区的影响。若认为有市电频率影响带来一些寄生成分,其值接近使用的测试仪器的界限。

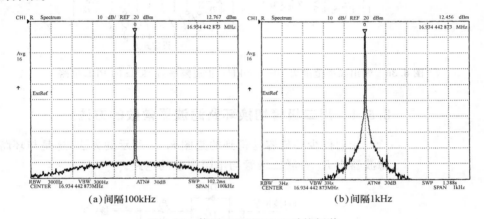

图 8.35 使用 74HCT9046 时的频谱

另外,由于使用 PC_2,在 VCO 振荡频率全范围内当然都能进行锁相。

8.5 锁相速度的改善

使用 PLL 构成频率合成器时,要求到目的频率的锁定时间尽量短。另一方面,考虑降低相位比较频率带来的寄生成分时,环路滤波器的截止频率越低(锁相速度变得越慢)越有利。

这样,在 PLL 电路中,提高锁相速度与降低寄生成分原理上是折衷的关系,解决这两者对立关系的对策已经公布了很多,这里,对三种典型的情况进行说明。

图 8.36 是改善锁相速度的 PLL 电路。这是一种使用 CD74HC4046,其输出频率范围为 $10\sim150\text{kHz}$,步进频率为 1kHz 的频率合成器。

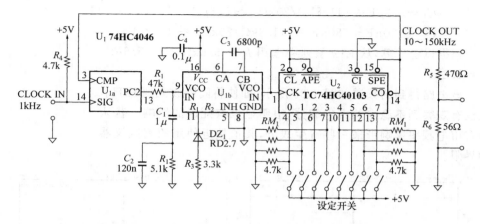

图 8.36 输出频率范围为 $10\sim150\text{kHz}$，步进频率为 1kHz 的 PLL 电路

8.5.1 用二极管切换环路滤波器常数的方法

元器件少而最容易得到的是图 8.37 所示的方法，这是与环路滤波器中 R_1 并联二极管与电阻串联的电路。

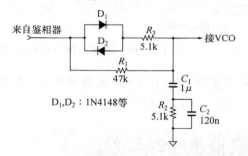

图 8.37 提高锁相速度的方法

频率偏离大而失锁时，鉴相器输出大量的脉冲使 D_1 和 D_2 导通，环路滤波器的时间常数变小。PLL 进行相位锁定时，鉴相器无输出脉冲，R_1 两端几乎等电位，因此，D_1 和 D_2 现在截止，环路滤波器的时间常数变大，而有利于降低寄生成分。

图 8.38 是对锁相速度特性的比较，图 8.39 是对寄生特性的比较。对于锁相速度来说，电路修改前在 $50\sim150\text{kHz}$ 的频率变化范围内需要 70ms 左右的锁相时间，电路修改后时间缩短到 20ms 左右。

然而，观察输出波形的寄生特性如图 8.39(b) 所示，比较频率

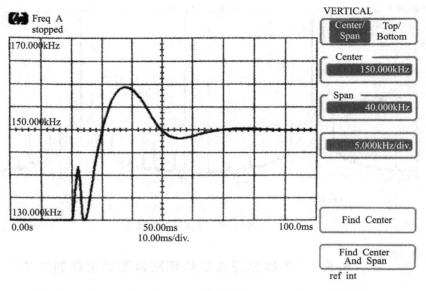

(a) 修改前

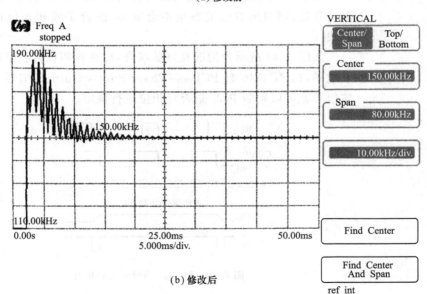

(b) 修改后

图 8.38 锁相速度的比较

成分中寄生恶化。这是由于 PLL 锁相后,为了补偿电容的漏电流与 VCO 的频率漂移,鉴相器输出窄脉冲,该窄脉冲使 D_1 和 D_2 导通,比较频率成分的衰减量减小的缘故。

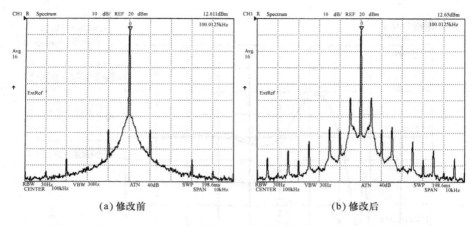

(a) 修改前   (b) 修改后

图 8.39 寄生特性的比较

8.5.2 用模拟开关切换环路滤波器常数的方法

在 PLL 相位锁定的前后状态,若用模拟开关等切换环路滤波器的常数,则输出波形的寄生不会变坏,改善了锁相速度而使其变快。

如图 8.40 所示为情况良好的场合,仅在有相位移状态时变为低电平,74HC4046 有 PCP_{OUT}(Phase Pulses Output)信号。利用该信号就可以判断 PLL 是否对相位进行锁定。

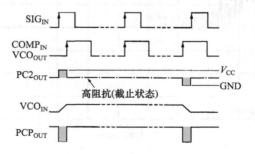

图 8.40 PCP_{OUT}信号的工作时序

由 PCP_{OUT}信号切换环路滤波器常数的电路如图 8.41 所示。将 PCP 输出的脉冲平均化,用低电平表示失锁状态,这时,比较器输出高电平,模拟开关 74HC4066 接通,时间常数变小。PLL 锁定时,模拟开关断开,对环路滤波器的常数进行切换,这时相位比较频率成分可以得到足够大的衰减。

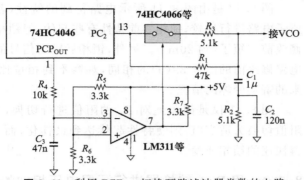

图 8.41 利用 PCP$_{OUT}$ 切换环路滤波器常数的电路

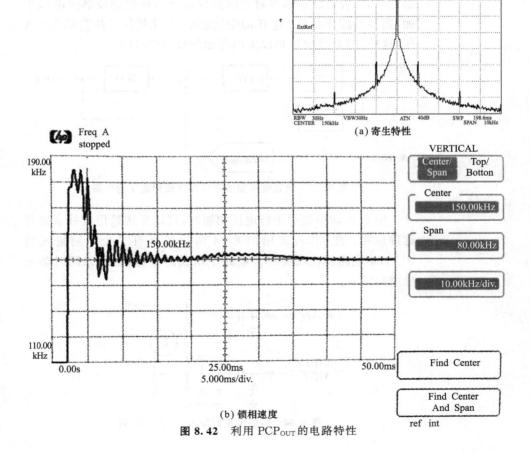

(a) 寄生特性

(b) 锁相速度

图 8.42 利用 PCP$_{OUT}$ 的电路特性

图 8.42 是由图 8.41 所示电路得到的特性,若与图 8.38(a)
所示电路进行比较,锁相之前特性有些起伏,但锁相时间也比电路
修改前缩短了(约 20ms)。另外,锁相后输出信号的寄生特性也与
电路修改前的图 8.39(a)的相同,观察不到相位比较频率成分带
来的寄生变坏的情况。

图 8.41 仅是简单地对 R_1 的阻值进行切换,若同时也将 R_2
阻值切换为适当值,则使特性起伏达到最佳化,而且,可以期望获
得快速的锁相速度。

8.5.3 用 D-A 转换器进行预置电压相加的方法

在 PLL 电路中,若 VCO 频率–控制电压特性稳定,则在设定
频率处,VCO 的控制电压可预先设定。因此,如图 8.43 所示,设
定频率变化时,使用来自 CPU 等的 D-A 转换器,在设定分频器数
据的同时,若将设定频率对应的预置电压与环路滤波器的电压相
加,则环路滤波器输出电压的变化较小,变化量仅是补偿其误差电
压,这样,PLL 锁定时可以大幅度地缩短锁相时间。

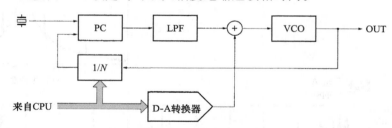

图 8.43 预置电压相加方式改善锁相速度的电路

用 D-A 转换器等进行电压相加时,可以考虑采用运放来进行
这种运算。然而,若使用图 8.44 所示的具有二个控制输入的
VCO,则电路就比较简单。电路中增设运放等,也可以同时防止
噪声的混入。

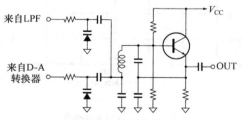

图 8.44 有二个控制输入的 VCO 实例

再有,可用 CPU 来增强控制功能,这样,可构成如图 8.45 所示的 PLL 电路。在该电路中,CPU 通过 D-A 转换器存取环路滤波器的输出电压。这样,若预先求出 D-A 转换器的补偿值,使各设定频率处环路滤波器的输出电压为恒定值,即使儒变与环境温度等变化引起 VCO 控制电压特性的变化,误差电压也不会增大,可以得到最短的锁相时间。

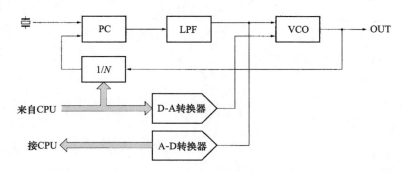

图 8.45 CPU 存取环路滤波器输出电压的电路

第 9 章
实用的 PLL 频率合成器的设计与制作

（环路滤波器的详细设计与实测特性）

本章介绍对电路进行实验与调制时，实际有用的各种 PLL 频率合成电路的设计与制作事例。

9.1 使用 74HC4046 的时钟频率合成器

9.1.1 替代 1Hz～10MHz 晶体的频率合成器

数字电路中使用各式各样频率的时钟。其大多都是由晶体振荡器产生时钟，通过分频得到所期望的频率。然而，在要求特殊频率时钟的场合，即使定做晶体振荡器，到交货也需要时间。这时，使用这里介绍的时钟频率合成器非常方便。另外，即使对频率变化的电路响应等进行实验时，若使用频率可变的时钟频率合成器也很方便。实际制作的时钟频率合成器的外观如照片 9.1 所示。

图 9.1 是设计制作的时钟频率合成器的框图。采用 10.24MHz 晶体振子进行振荡，通过分频得到 10kHz 的基准频率。在 PLL 电路中，分频器的设定为 1/100～1/1000，由 VCO 产生 1～10MHz，10kHz 分辨率的频率。PLL 电路的输出时钟输入至 1/10 分频器，采用 6 级级联进行选择，由此可得到下述 7 个量程的输出频率范围。

① 10Hz 量程：1～10Hz，10mHz 分辨率；

② 100Hz 量程：10～100Hz，100mHz 分辨率；

③ 1kHz 量程：100Hz～1kHz，1Hz 分辨率；

④ 10kHz 量程：1～10kHz，10Hz 分辨率；

⑤ 100kHz 量程：10～100kHz，100Hz 分辨率；

⑥ 1MHz 量程：100kHz～1MHz，1kHz 分辨率；

⑦ 10MHz 量程：1～10MHz，10kHz 分辨率。

照片 9.1　制作的时钟频率合成器的外观

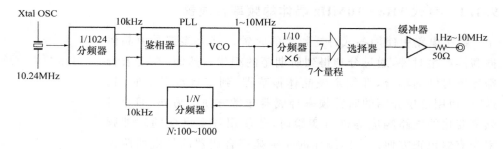

图 9.1　时钟频率合成器的框图

9.1.2　全部使用 CMOS IC 构成的频率合成器

图 9.2 是频率合成器的整个电路图，除了三端子集成稳压器以外全是 CMOS IC。

74HC4060 内有振荡电路的分频器，由 10.24MHz 晶体振子进行振荡，经 1024 分频得到稳定的 10kHz 基准时钟。采用可调电容 CV_1 对频率进行微调，可以得到约 50ppm 的频率精度。

当需要更高精度的频率时，若使用照片 9.2 所示的温度补偿型晶体振荡器 TCXO，则可得到约 1ppm 精度的频率；若使用倘式

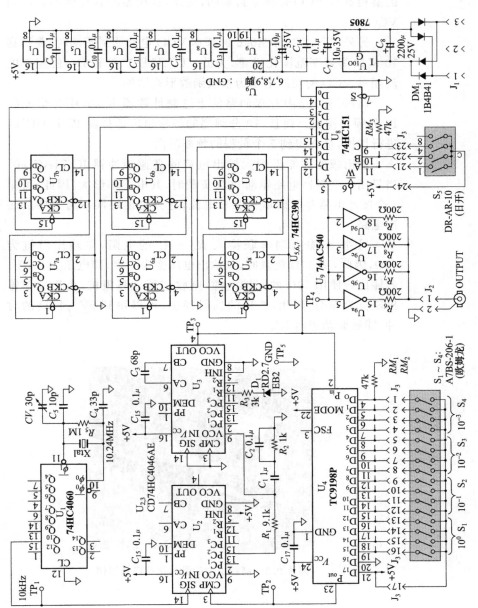

图 9.2 10MHz 时钟频率合成器电路图

晶体振荡器 OCXO,则可得到约 0.1ppm 那样高精度的频率。

PLL IC 的 CD74HC4046 片内有鉴相器与 VCO,而这里使用的鉴相器与 VCO 是独立封装的,这样,鉴相器的脉冲就不会影响 VCO。

另外,当 CD74HC4046 的基本 VCO 电路原封不动时,要得到 10 倍振荡频率范围比较难,为此,接入稳压二极管 D_1,使控制电流相对 VCO 的控制电压为指数函数形式增加。

74HC390 是内有双回路的十进制计数器 IC,采用 3 个 6 级 10 分频器构成。而且,10 分频器的各输出由选择器 IC 74HC151 进行切换,从而得到 7 个量程的频率范围。

输出级使用能得到大输出电流的高速缓冲器 IC 74AC540。当只用 1 个缓冲电路驱动 50Ω 负载时,其电流不够大,因此,可用 4 个缓冲电路并联而增大驱动电流,这只是使用同一封装中的缓冲电路。

另外,在输出端串联接入 $R_6 \sim R_9$ 的电阻,总输出阻抗为 50Ω,因此,接 50Ω 负载时,其输出电压变为一半,即电压为 2.5V。若输出线使用 50Ω 的同轴电缆,则收信端为高阻抗,由于发信输出阻抗为 50Ω,因此,产生的反射很少,可以得到 $5V_{o-p}$ 稳定的时钟,能够驱动逻辑 IC。

照片 9.2　高稳定度的晶体振荡模块实例

9.1.3 环路滤波器的设计

首先,求出分频系数最小与最大时,鉴相器、VCO、分频器的合成传输特性 f_{vpn}。图 9.3 所示为本电路中 VCO 的振荡频率-控制电压特性。

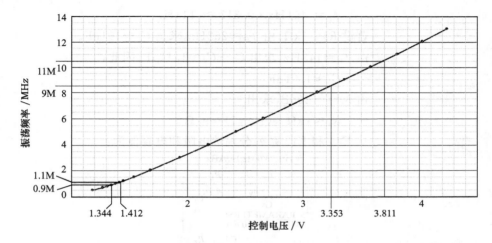

图 9.3 VCO 的振荡频率-控制电压特性

当输出频率为 1MHz(分频系数为 100)时,$f_{vpn(1MHz)}$ 为:

$$f_{vpn(1MHz)} = \frac{(1.1MHz-0.9MHz) \cdot 2\pi}{(1.412V-1.344V)} \cdot \frac{5V}{4\pi} \cdot \frac{1}{2\pi \cdot 100} \approx 11.7kHz$$

当输出频率为 10MHz(分频系数为 1000)时,$f_{vpn(10MHz)}$ 为:

$$f_{vpn(10MHz)} = \frac{(11MHz-9MHz) \cdot 2\pi}{(3.811V-3.353V)} \cdot \frac{5V}{4\pi} \cdot \frac{1}{2\pi \cdot 1000} \approx 1.737kHz$$

由改变常数的实验结果可知,相位噪声与寄生量为折衷关系,由 $M = -20dB$ 设计 $50°$ 相位裕量。为了确保 $50°$ 相位裕量,环路滤波器的相位滞后为 $40°$。

为确保环路滤波器 $40°$ 相位滞后,这时根据 $M-20dB(0.1)$,其上限/下限频率为:

$$f_{(-40°H)} = 11.7kHz \times 0.1 \approx 1.17kHz$$

$$f_{(-40°L)} = 1.737kHz \times 0.1 \approx 174kHz$$

因此,确保 $40°$ 相位滞后时,其上限/下限频率之比为:

$$1.17kHz \div 174Hz \approx 6.72$$

确保 $40°$ 相位滞后时,其中心频率为:

$$f_m = \sqrt{1.17kHz \times 174Hz} \approx 451Hz$$

根据附录 B 中图 B.3(b),求出 f_H 的规格化数值时,X 轴对应值为 6.72,在它与 $-40°$ 交点处,对应 Y 轴为 3.5,由此求出

$$f_H = 451Hz \times 0.35 \approx 1.58kHz$$

同样,根据图 B.3(c) 求出 f_L 的规格化数值时,X 轴对应值为 6.72,在它与 $-40°$ 交点处,对应 Y 轴为 0.317,由此求出

$$f_L = 451Hz \times 0.317 \approx 143Hz$$

若设 $R_2 = 1k\Omega$,由 $f_H \approx 252Hz$,求出 $C_2 \approx 101nF$。

由 $f_L = 143Hz$,求出 $C_1 + C_2 \approx 1.11\mu F$,因此,

$$C_1 \approx 1.01\mu F$$

由 $M = -20dB$,求出

$$R_1 \approx 1k\Omega \times (10-1) \approx 9k\Omega$$

从 E24 和 E12 系列分别选电阻和电容值为:

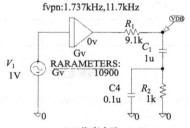

(a) 仿真电路

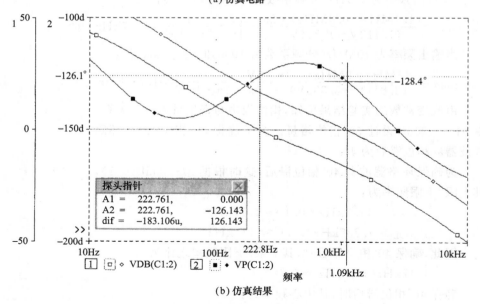

(b) 仿真结果

图 9.4 环路滤波器的仿真

$$R_1 = 9.1\mathrm{k\Omega}, R_2 = 1\mathrm{k\Omega}, C_1 = 1\mu\mathrm{F}, C_2 = 0.1\mu\mathrm{F}$$

即为限定值。

根据这些电阻与电容值,在图 9.4(a)的条件下,其仿真结果如图 9.4(b)所示。当输出频率为 1MHz 时,开环频率约为 1.09kHz,这时相位滞后为 128.4°(相位裕量为 51.6°);当输出频率 10MHz 时,开环频率约为 222.8Hz,这时相位滞后为 126.1°(相位裕量为 53.9°),可以得到接近目标的相位裕量。

9.1.4 输出波形

照片 9.3 是最高频率为 10MHz 时的输出波形。制作的频率合成器与示波器(同步示波器 2465)之间用 1m 的 RG58A 同轴电缆进行连接。照片 9.3(a)所示为示波器输入阻抗为 50Ω 时的输出波形,图 9.3(b)所示为示波器输入阻抗为 1MΩ 时的输出波形。CMOS 输出接入电阻使其输出阻抗与 50Ω 匹配,因此,都不会出现较大的自激现象。

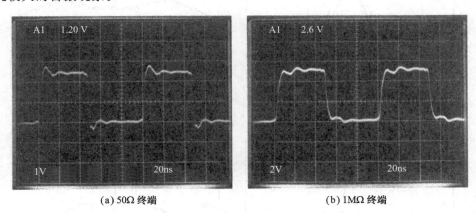

(a) 50Ω 终端   (b) 1MΩ 终端

照片 9.3 最高频率为 10MHz 时的输出波形

9.1.5 频　谱

图 9.5(10MHz 量程)、图 9.6(1MHz 量程)和图 9.7(100kHz 量程)是频谱分析仪对制作的频率合成器输出波形(振荡频率附近)进行测试的频谱。制作的这种频率合成器的输出波形为方波,当然波形中包含有很多奇次谐波。

在制作的频率合成器中,压控振荡器 VCO 是由 RC 构成的双稳态多谐振荡器。因此,基本上得到的频谱不太好。图 9.5

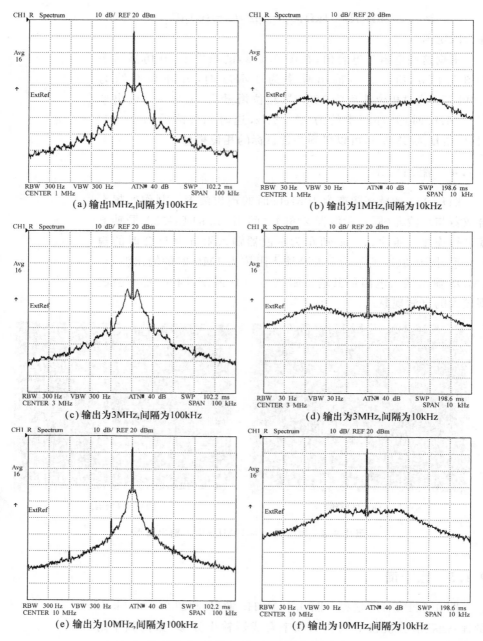

图 9.5 10MHz 量程时的频谱

（a）、（c）和（e）分别示出振荡频率为 1MHz，3MHz 和 10MHz 时，间隔（分析频率范围）为 100kHz 时的频谱。由于比较频率 10kHz

的影响,呈现约-45dBc(对于振荡频率的频谱,振幅为-45dB)的
寄生成分。

图 9.5(b)、(d)和(f)所示为频谱分析仪的间隔窄到 10kHz、
分辨率带宽 RBW 为 30Hz 时的频谱。1MHz 振荡频率(图 9.5
(b))与10MHz(图 9.5(f))时相比,其 PLL 电路的环路增益大,因
此,相位噪声(振荡频率附近的噪声)变小。

图 9.6 和图 9.7 分别表示 1MHz 和 100kHz 量程时的频谱。
通过分频器对 PLL 电路的输出波形进行 10~100 的分频,因此,
改善了波形的跳动,相位噪声随分频系数的增大而变小。

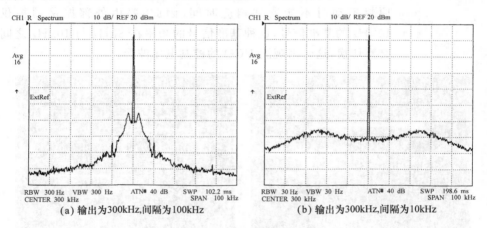

(a) 输出为300kHz,间隔为100kHz　　　　(b) 输出为300kHz,间隔为10kHz

图 9.6 1MHz 量程时的频谱

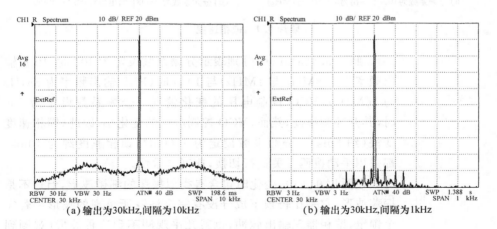

(a)输出为30kHz,间隔为10kHz　　　　(b)输出为30kHz,间隔为1kHz

图 9.7 100kHz 量程时的频谱

图 9.7(b)中观察到的振荡频率附近的频谱是频谱分析仪的残留频谱,不是制作的频率合成器的输出波形中的频谱。因此,分析带宽为 3Hz 时,可以得到 -90dBc 以上的 C/N(Carrier vs Noise)。

这样,对于使用多谐振荡器型 VCO 的 PLL 电路,若对高频振荡的输出波形进行分频,也能得到跳动小的优质方波。

9.1.6 锁相速度

照片 9.4 是表示 PLL 锁相速度的 VCO 控制电压波形。电路原封不动时不能测试响应时间,因此,要由外部振荡器提供 10kHz 的基准信号,这种基准信号的频率在 8kHz 与 10kHz 之间交互切换,这时来观测 VCO 的控制电压波形。

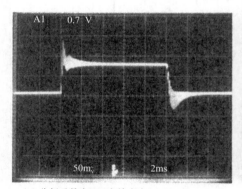 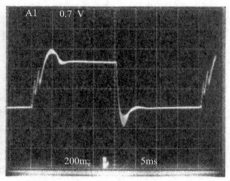

(a) 分频系数为100时(输出为0.8MHz与1MHz)　　(b) 分频系数为1000时(输出为8MHz与10MHz)

照片 9.4　锁相速度

照片 9.4(a)和(b)分别表示分频系数设定为 100 时(PLL 输出频率为 0.8MHz 与 1MHz)与 1000 时(PLL 输出频率为 8MHz 与 10MHz),VCO 控制电压的变化情况。分频系数设定为 100 时,其开环频率高,然而,VCO 控制电压的变化小,因此,锁相速度变快(约 3ms)。分频系数设定为 1000 时,锁相速度约为 10ms。都采用手动拨码开关进行切换,速度非常快。

在照片 9.4 中,变化时包含有类似振荡的细微波形,但这不是振荡波形,它是比较频率成分没有完全滤除所呈现的波形。若完全锁定,鉴相器无输出脉冲,也就几乎观测不到这种波形(观测到这种波形比较难,但由于补偿 VCO 的频率漂移,因此,还有些细微的脉冲输出)。

9.2 使用 TLC2933 构成的脉冲频率合成器

9.2.1 TLC29xx 系列的概况

74HC4046 是使用非常方便的单片 PLL IC,但 VCO 的频率上限为 10MHz 左右。而振荡频率超过 10MHz,内有 VCO 的 PLLIC 是图 9.8 所示的德克萨斯仪器仪表公司的 TLC293x 系列。

TLC2932 片内也有分频器,通过选择该分频器,可以选择 11~25MHz,22~50MHz 的振荡频率范围,而对于 TLC2933,其振荡频率范围为 50~100MHz。因此,使用 TLC293x 系列就可以简单实现由 74HC4046 构成的 10MHz 到 100MHz 的 PLL 电路。

TLC293x 系列内的鉴相器与 74HC4046 的 PC_2 相同,它为相位频率比较方式。锁相时,其输出为高阻状态。

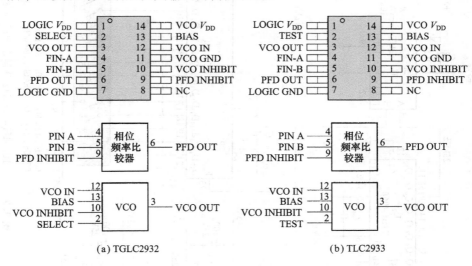

图 9.8 TLC293x 系列(德克萨斯仪器仪表公司)

9.2.2 时钟频率合成器电路

图 9.9 是使用 TLC2933 构成的时钟频率合成器的总电路图,其频率范围为 50~100MHz、频率分辨率为 25kHz。在这种电路中,若将 2 分频器进行级联,选择任意的输出,则也可以构成时钟频率合成器,其频率可从低频到 100MHz 连续设定。

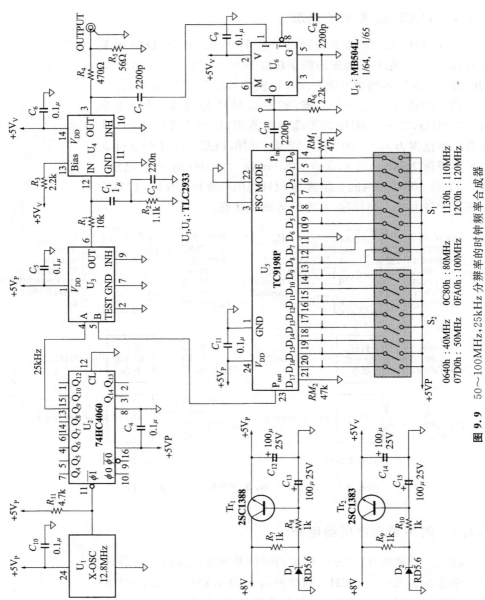

图 9.9 50～100MHz，25kHz 分辨率的时钟频率合成器

TLC2933 中的 VCO 由电阻(相当于图中 R_3)提供偏置电流使其工作,该电阻使振荡频率范围发生变化。当电源电压为+5V时,若接入 R_3＝2.2kΩ 电阻,则可以覆盖 50～100MHz 频率范围,并具有一定的裕量。

TLC2933 也与 74HC4046 相同,VCO 和鉴相器采用独立封装形式,这样可以改善寄生成分。电路中,为了避免 VCO 电源对其他电路的干扰,采用 Q_2 构成专用的+5V 电源。

分频器使用 MB504L(富士通)与 TC9198P(东芝),采用脉冲吞没方式,在 50～100MHz 范围内以 25kHz 分辨率进行设定。

用频谱分析仪等进行观测时,要在 VCO 与输出端间接入电阻 R_4 和 R_5,它与 50Ω 进行阻抗匹配。作为实际的信号源使用时,不是接电阻而是接入缓冲器等,这样来驱动逻辑电路。

9.2.3 环路滤波器的设计

图 9.10 是电源电压为 5V,偏置电阻为 2.2kΩ 时的控制电压–振荡频率特性。

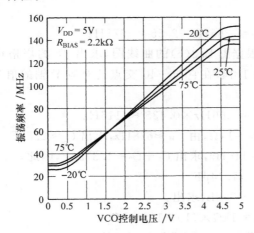

图 9.10 TLC22933 片内 VCO 的振荡频率–控制电压特性

振荡频率为 50MHz 时,分辨率为 25kHz,分频系数为2000。因此,由图 9.10 的特性,f_{vpn} 为:

$$f_{vpn(50MHz)} = \frac{(60MHz - 40MHz) \cdot 2\pi}{1.6V - 0.8V} \cdot \frac{5V}{4\pi} \cdot \frac{1}{2\pi \cdot 2000}$$

$$\approx 2.49kHz$$

振荡频率为 100MHz 时,分辨率为 25kHz,分频系数为4000。

因此,由图 9.10 的特性,f_{vpn} 为:

$$f_{vpn(100MHz)} = \frac{(110MHz - 90MHz) \cdot 2\pi}{3.4V - 2.7V} \cdot \frac{5V}{4\pi} \cdot \frac{1}{2\pi \cdot 4000}$$
$$\approx 2.84kHz$$

通过改变常数的实验结果可知,由 $M = -20dB$,设计 50°相位裕量。

为了确保环路滤波器具有 40°的相位滞后,这时根据 $M = -20dB(0.1)$,其上限/下限频率为:

$$f_{(-40°H)} = 2.84kHz \times 0.1 \approx 284Hz$$
$$f_{(-40°L)} = 2.49kHz \times 0.1 \approx 249Hz$$

因此,确保具有 40°相位滞后时,其上限/下限频率之比为:

$$284Hz \div 249Hz \approx 1.14$$

确保具有 40°相位滞后时,其中心频率 f_m 为:

$$f_m = \sqrt{284Hz \times 249Hz} \approx 266Hz$$

根据附录 B 中图 B.3(b)的曲线图,求出 f_H 的规格化数值时,X 轴对应值 1.14,在它与 $-40°$交点处对应 Y 轴为 2.55,由此求出

$$f_H = 266Hz \times 2.55 \approx 678Hz$$

同样,根据图 B.3(c)的曲线图,求出 f_L 的规格化数值时,X 轴对应值为 1.14,在它与 $-40°$交点处对应 Y 轴的值为 0.435,由此求出:

$$f_L = 266Hz \times 0.435 \approx 116Hz$$

若设 $R_2 = 1k\Omega$,由 $f_H \approx 678Hz$,求出 $C_2 \approx 235nF$

由 $f_L = 116Hz$,求出 $C_1 + C_2 \approx 1.372\mu F$,因此,

$$C_1 \approx 1.14\mu F$$

由 $M = -20dB$,求出:

$$R_1 \approx 1k\Omega \times (10 - 1) \approx 9k\Omega$$

若 C_1 限于 $1\mu F$,可进行如下计算。

$$C_2 = 235nF \times (1/1.14) \approx 206nF$$
$$R_1 = 9.1k\Omega \times (1/1.14) \approx 10.26k\Omega$$
$$R_2 = 1k\Omega \times (1/1.14) \approx 1.14k\Omega$$

从 E24 和 E12 系列中分别选电阻和电容值为:

$$R_1 = 10k\Omega, R_2 = 1.1k\Omega, C_1 = 1\mu F, C_2 = 220nF$$

根据这些电阻与电容值,在图 9.11(a)的条件下,其仿真结果如图 9.11(b)所示。输出频率 50MHz 时,开环频率约为 299Hz,

这时相位滞后为 131°(相位裕量为 49°);输出频率 100MHz 时,相位裕量也为 49°。

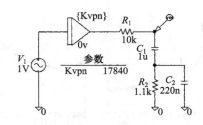

(a) 仿真电路

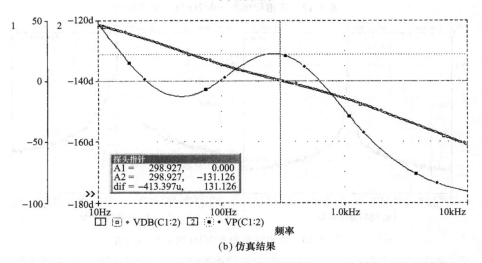

(b) 仿真结果

图 9.11 环路特性的仿真

9.2.4 输出波形频谱的测试

输出波形的频谱如图 9.12 至图 9.14 所示,锁相频率范围为 40~120MHz。当输出频率为 40MHz 时,VCO 的控制电压较低,频谱中呈现比较频率中的寄生成分。间隔为 50kHz 时,相位噪声比较显著。对于使用 TLC293x 环形振荡器型 VCO 与 LC 构成的 VCO 一样,期望得到纯正度相同的信号,这是不可能的。然而,价格低廉、不用外接 VCO,而且输出频率可以达到 100MHz,这正是 VCO 使用 TLC293x 环形振荡器的魅力。

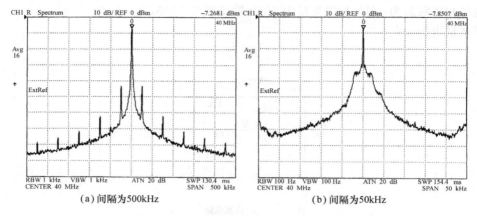

(a) 间隔为500kHz   (b) 间隔为50kHz

图 9.12 锁相频率为 40MHz 时的输出频谱

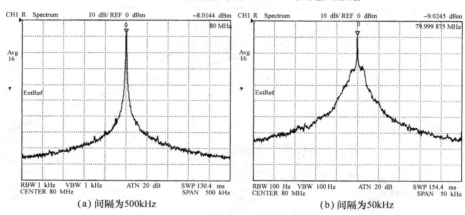

(a) 间隔为500kHz   (b) 间隔为50kHz

图 9.13 锁相频率为 80MHz 时的输出频谱

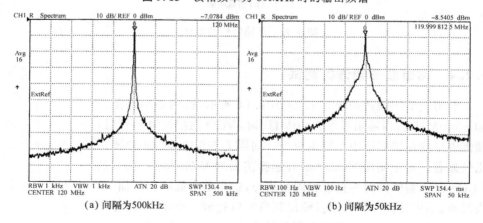

(a) 间隔为500kHz   (b) 间隔为50kHz

图 9.14 锁相频率为 120MHz 时的输出频谱

9.3 HF 频率合成器

RC 多谐振荡器型 VCO 的上限频率为 10MHz 左右,不用说,相位噪声特性也非常优越。与此相比,LC 振荡器型 VCO 通过选择线圈与电容常数,覆盖的振荡频率范围也可以在 GHz 频带,也可以得到相位噪声特性非常优越的信号。这里,介绍使用微电子公司 LC-VCO POS200 构成的 HF 频率合成器的设计。制作的 HF 频率合成器的基板外观如照片 9.5 所示。

照片 9.5 HF 频率合成器的基板外观

微电子公司的 POS 系列 VCO 全系列约有 20 种同形状品种,覆盖的频率范围为 15MHz～2GHz。使用这里介绍的电路,通过选择前置频率倍减器,可以在此范围内自由选择振荡频率。POS 系列 VCO 的振荡频率范围为 2 倍左右。

9.3.1 HF 频率合成器电路

图 9.15 是试作的 PLL 频率合成器框图。由 10.24MHz 晶体振子分频得到 10kHz 的基准频率。

使用内有脉冲吞没式计数器的可编程分频器与前置频率倍减器进行组合,由此分频系数设定为 10 000～20 000,这时 POS200 的振荡频率范围为 100～200MHz,频率分辨率为 10kHz。

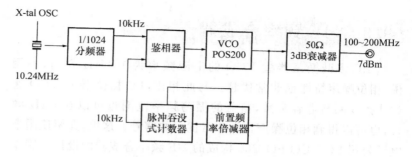

图 9.15　HF 频率合成器框图

　　为了降低输出的 VSWR，减少阻抗匹配的影响，在 POS200 的输出与输出连接器之间接入 3dB 的衰减器。由于 POS200 输出电平为 +10dBm，因此频率合成器可得到约 +7dBm 的输出电平。

　　图 9.16 是频率合成器的总电路图。由于 PLL 电路容易受到电源噪声的影响，因此，鉴相器、有源环路滤波器、VCO 的电源都各自接入波纹滤波器。另外，由于电源与构成波纹滤波器的稳压二极管产生约 $100nV/\sqrt{Hz}$ 的白噪声，因此，使用 $1k\Omega$ 电阻和 $100\mu F$ 电容构成 RC 低通滤波器来滤除这种噪声。

　　鉴相器使用 74HC4046 中的 PC_2（异或门构成）。即使分布电容对鉴相器的线性影响（死区）很小，但为了改善线性，接入电阻 R_{14} 和 R_{15} 来降低阻抗。

　　当 PLL 锁定时，鉴相器输出为高阻状态。因此，有源环路滤波器 U_{3a} 的输入电压等于鉴相器电源电压的一半，该一半电压是由 R_{14} 和 R_{15} 分压器通过分压得到的。因此，要为 U_{3a} 提供偏置电压，使其同相输入端电压等于该一半电压。RV_1 是调节 U_{3a} 的输入偏置电压与电阻误差的可调电阻。为了使 U_{3a} 的比较频率成分尽量衰减，接入 3 次有源环路滤波器。

　　使用 TC9198P（东芝）作为分频器，它与前置频率倍减器 MB501SL（富士通）构成脉冲吞没式可编程分频器。TC9198P 可以设定各种工作模式，但使用脉冲吞没式计数器时，输入代码设定要采用二进制，不能采用 BCD 码。

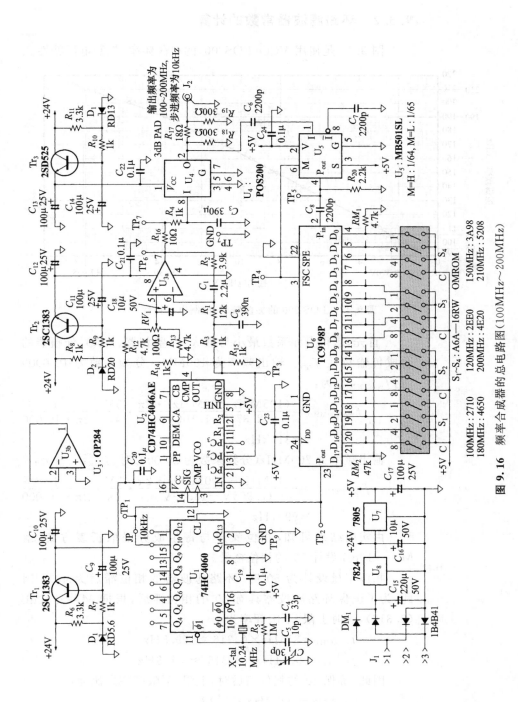

图 9.16 频率合成器的总电路图（100MHz～200MHz）

9.3.2 环路滤波器常数的计算

图 9.17 是使用 VCO(POS200)的振荡频率-控制电压特性。

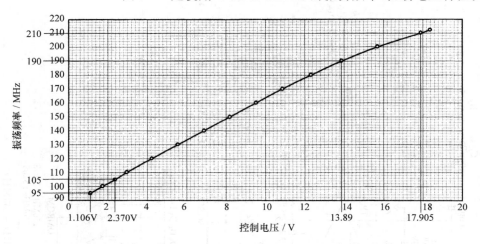

图 9.17 POS-200 的振荡频率-控制电压特性

首先,求得分频系数最小与最大时,鉴相器、VCO、分频器的合成传输特性 f_{vpn}。输出频率为 100MHz(分频系数为 10 000)时,$f_{vpn(100MHz)}$ 为:

$$f_{vpn(100MHz)} = \frac{(105MHz - 95MHz) \cdot 2\pi}{2.37V - 1.106V} \cdot \frac{5V}{4\pi} \cdot \frac{1}{2\pi \cdot 10\,000}$$

$$\approx 315kHz$$

输出频率为 200MHz(分频系数为 20 000)时,$f_{vpn(200MHz)}$ 为:

$$f_{vpn(200MHz)} = \frac{(210MHz - 190MHz) \cdot 2\pi}{17.905V - 13.89V} \cdot \frac{5V}{4\pi} \cdot \frac{1}{2\pi \cdot 20\,000}$$

$$\approx 99.1Hz$$

由实验结果可知,相位噪声与寄生成分采取折衷方案,由 $M = -10dB$ 设计 50° 的相位裕量。

相位裕量设计为 50° 时,环路滤波器的相位滞后为 40°。因此,为了确保环路滤波器具有 40° 的相位滞后,根据 $M = -10dB$ (0.316),这时上限/下限频率为:

$$f_{(-40°H)} = 315Hz \times 0.316 \approx 99.5Hz$$

$$f_{(-40°L)} = 99.1Hz \times 0.316 \approx 31.3Hz$$

因此,确保 40° 的相位滞后时,上限/下限频率之比为:

$$99.5Hz \div 31.3Hz \approx 3.18$$

确保 $40°$ 的相位滞后时, 中心频率 f_m 为:

$$f_m = \sqrt{99.5\text{Hz} \times 31.3\text{Hz}} \approx 55.8\text{Hz}$$

可根据附录 B 中图 B-9(b)和(c)曲线图, 求出规格化数值, 求出的
f_H 和 f_L 分别为:

$$f_H = 55.8\text{Hz} \times 6.8 \approx 379\text{Hz}$$
$$f_L = 55.8\text{Hz} \times 0.332 \approx 18.5\text{Hz}$$

若设 $R_1 \gg R_3$, $R_3 = R_4 = 1\text{k}\Omega$, 由 $f_H = 379\text{Hz}$ 可求出

$$C_2 = C_3 = 420\text{nF}$$

若 $C_1 = 2.2\mu\text{F}$, 由 $f_L = 18.5\text{Hz}$ 可求出

$$R_2 = 3.91\text{k}\Omega$$

由 $M = 10\text{dB}$ 可求出

$$R_1 + R_3 = R_2 \times 3.16$$

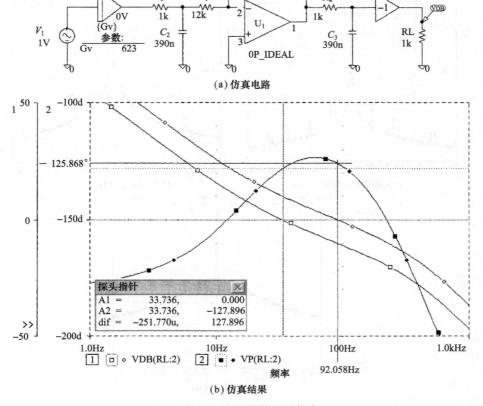

(a) 仿真电路

(b) 仿真结果

图 9.18 环路特性的仿真

因此，$R_1 = 11.4\text{k}\Omega$。

从 E24 和 E12 系列中分别选电阻和电容值为：

$R_1 = 12\text{k}\Omega, R_2 = 3.9\text{k}\Omega, R_3 = R_4 = 1\text{k}\Omega, C_1 = 2.2\mu\text{F},$
$C_2 = C_3 = 390\text{nF}$

根据这些电阻与电容值，在图 9.18(a)的条件下，其仿真结果如图 9.18(b)所示。当输出频率为 100MHz 时，开环频率约为 92.058Hz，这时相位滞后为 125.868°(相位裕量为 54.1°)；当输出频率为 200MHz 时，开环频率约为 33.736Hz，这时相位滞后为 127.896°(相位裕量约为 52.1°)，得到了目标的相位裕量。

9.3.3　频　谱

图 9.19(输出 100MHz)、图 9.20(输出 150MHz)和图 9.21(输出 200MHz)是频谱分析仪对制作的频率合成器输出波形(振

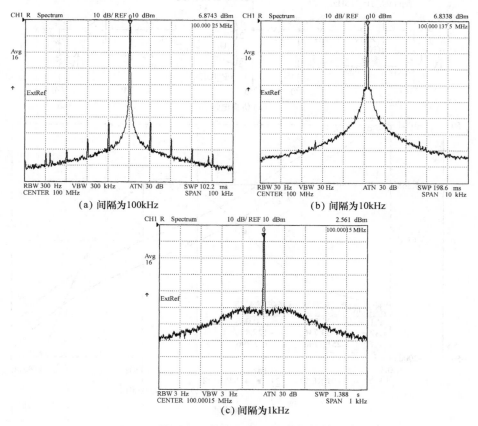

（a）间隔为100kHz

（b）间隔为10kHz

（c）间隔为1kHz

图 9.19　输出 100MHz 时的频谱

荡频率附近)进行测试的频谱。图 9.19(a),(b)和(c),图 9.20
(a),(b)和(c),图 9.21(a),(b)和(c)其分析频率范围(SPAN)分
别为 100kHz,10kHz 和 1kHz。

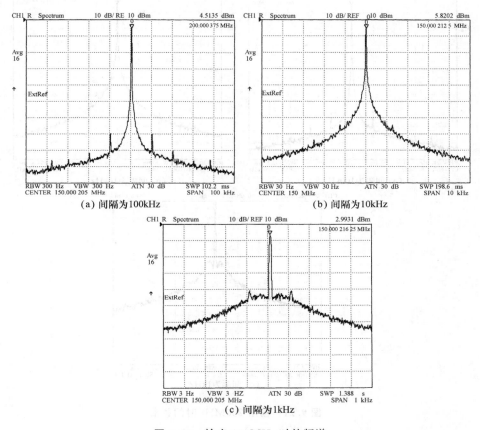

(a) 间隔为100kHz   (b) 间隔为10kHz

(c) 间隔为1kHz

图 9.20 输出 150MHz 时的频谱

在图 9.19(a)中,由于比较频率 10kHz 的影响,呈现 -60dBc
的寄生成分。环路滤波器的时间常数偏差越小,这种寄生成分越
小,但时间常数变小时,图 9.19(c)的相位噪声(振荡频率附近的
噪声)变大。

由图 9.19(c)可见,从偏离中心频率左右约 100Hz 处到中心
处,相位噪声增加量变小。这是由于输出频率为 100MHz 的情况
下,PLL 的环路增益为 0dB 时,其频率约为 92Hz,随之低于此频
率时环路增益变大的缘故。按照这种环路增益的抑制结果,VCO
的开环相位噪声就是这种特性。

图 9.21(c)表示输出频率为 200MHz 时,当开环频率降低到约 30Hz 时,相位噪声增加的情况。

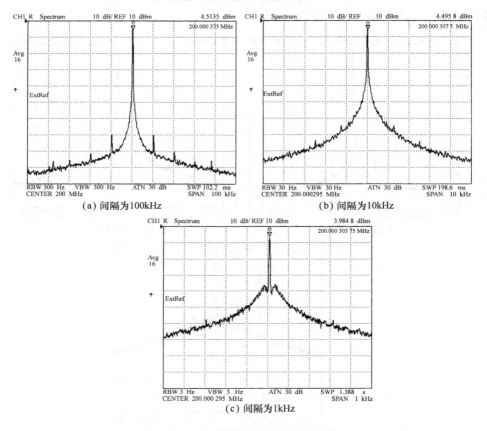

(a) 间隔为100kHz

(b) 间隔为10kHz

(c) 间隔为1kHz

图 9.21 输出 200MHz 时的频谱

9.3.4 锁相速度

照片 9.6 表示 PLL 锁相速度的 VCO 控制电压波形。基准频率信号由外部电路提供,其频率在 9kHz 与 10kHz 之间交互切换,这时,来观测 VCO 的控制电压波形。

照片 9.6(a)表示当分频系数设定为 10 000 时(PLL 输出频率为 90MHz 与 100MHz),VCO 控制电压的变化情况。图 9.6(b)和(c)分别表示分频系数设定为 15 000 与 20 000 时,VCO 控制电压的变化情况。由各自照片的瞬态响应可见,它随频率有较大变化,相位每旋转 360°则出现峰值。这既不是表示比较频率的漏泄,也不是表示环路的不稳定。

图 9.22(a)是用通/断设定频率开关来设定频率最低位(10kHz)时,用调制磁畴分析仪观察这时频率的变化情况,这表示10kHz 阶跃频率的过渡过程时间约为 25ms。

图 9.22(b)是用通/断设定频率开关 S_1 设定频率最高位,在120MHz 与 160.96MHz 之间交互切换设定频率时,所观察到的频率变化情况。由于频率大幅度地变化,因此,鉴相器进入饱和状态,锁定时频率变化速度是恒定的。由图 9.22(b)可知,40.96MHz 阶跃频率的过渡过程时间约为 140ms。图 9.22(c)是与图 9.22(b)相同刻度时的情况。

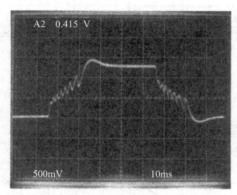

(a)设定频率为:100MHz (90MHz ←→ 100MHz)

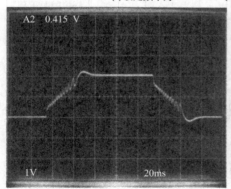

(b)设定频率为:150MHz (135MHz ←→ 150MHz)

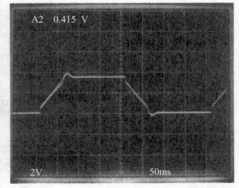

(c)设定频率为:200MHz (180MHz ←→ 200MHz)

照片 **9.6** 锁相速度

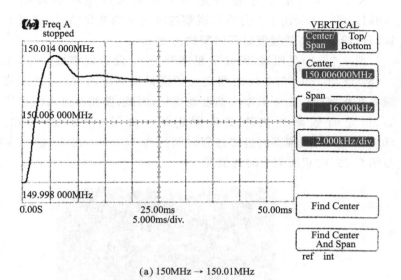

(a) 150MHz → 150.01MHz

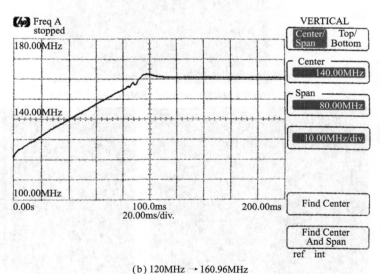

(b) 120MHz → 160.96MHz

图 9. 22 频率过渡过程时间

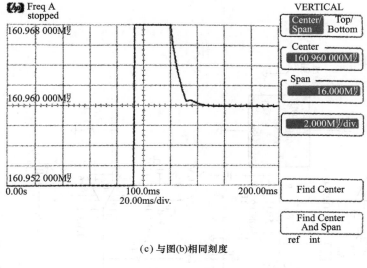

(c) 与图(b)相同刻度

图 9.22 （续）

9.4 40MHz 频率基准信号用 PLL

一般来说，对于 PLL 电路，相位比较频率越高，环路增益越大，输出信号的相位噪声特性越能得到改善。然而，4046 片内 CMOS 型鉴相器的频率实用范围可达到 100kHz 左右。本节以高速鉴相器 AD9901（模拟器件公司）的应用为例，介绍测量仪器中使用的频率为 10MHz 基准信号的 4 倍频 PLL 电路。

9.4.1 40MHz 频率基准信号用 PLL 电路

图 9.23(a)是 40MHz 频率基准信号用 PLL 电路。通过改变鉴相器 AD9901 电源的接法，逻辑电平可以直接连接 CMOS/TTL 或 ECL。电路中，使用 CMOS/TTL 的接法。

高速比较器 U_1（LM361）将输入信号变换为 $0\sim5V$ 的方波信号。由于鉴相器的电源直接影响鉴相器的输出信号，因此，由纹波滤波器 Tr_1 提供噪声小的 $+5V$ 电源。AD9901 的相位比较输出为差动形式，因此，采用运放 U_{3a} 构成差动输入型 3 次有源环路滤波器。

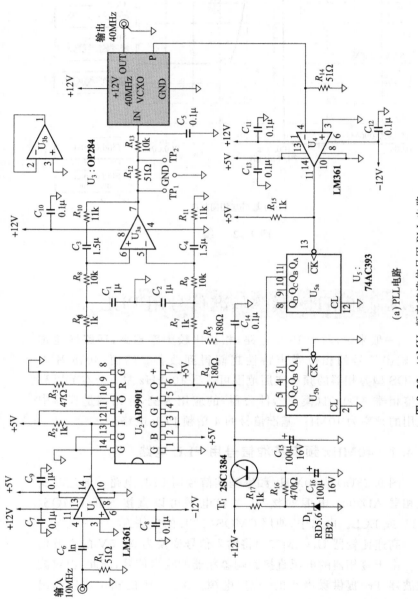

图 9.23 40MHz 频率基准信号用 PLL 电路

(a) PLL电路

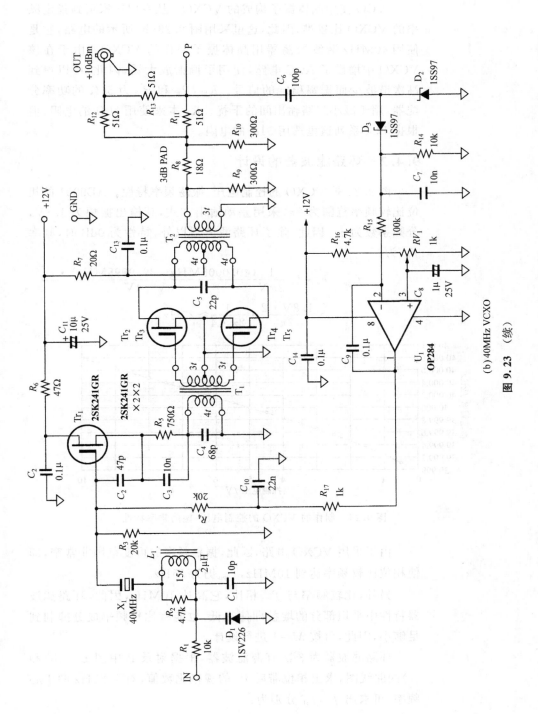

图 9.23 （续）

(b) 40MHz VCXO

VCO 使用晶体振子构成的 VCXO。从专门厂家买到指定频率的 VCXO 比较难,因此,这里采用图 9.23(b) 所示的电路,它是使用 40MHz 谐波振荡器用晶体振子制作的 VCXO。由于在该 VCXO 中增设了 AGC 电路,使用了调谐放大器,因此,可以得到高次谐波少而振幅稳定的信号。R_{11},R_{12} 和 R_{13} 为 50Ω 的功率分配器,用于减小二路输出间的干扰。R_{12} 本来使用 50Ω 的电阻,但根据 E24 系列这里选用 51Ω 的电阻。

9.4.2 环路滤波器的设计

图 9.24 是 VCXO 的控制电压-振荡频率特性。AD9901 的相位比较频率范围为 2π,采用差动输出方式,其输出振幅为 1.8V,分频系数为 4。因此,除了环路滤波器以外,特性为 0dB 时,频率 f_{vpn} 为:

$$f_{vpn}=k_v \cdot k_p \frac{1}{2\pi N} \frac{(40.0005\text{MHz}-39.9998\text{MHz}) \cdot 2\pi}{8\text{V}-4\text{V}}$$

$$\times \frac{1.8\text{V} \cdot 2}{2\pi} \cdot \frac{1}{2\pi \cdot 4} \approx 25\text{Hz}$$

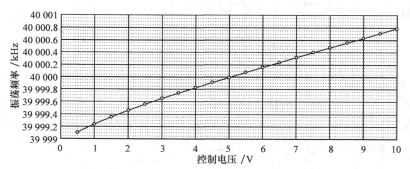

图 9.24 制作的 VCXO 的控制电压-振荡频率特性

由于采用 VCXO 电路,因此,振荡频率的可变范围非常窄,即使相位比较频率达到 10MHz,f_{vpn} 仍为 25Hz。

另外,比较频率与 f_{vpn} 相比,它高达 10MHz,因此,环路滤波器特性中平坦部分的增益即使很低,也能将比较频率成分抑制到足够小,因此,可按 $M=1$ 进行设计。

环路滤波器为 3 次有源滤波器,根据附录 B 中图 B.9(b) 和 (c) 的曲线图,求出相位滞后 40° 的规格化数值,对于 25Hz 的中心频率,可求出 f_L,f_H 分别为:

$$f_L = 25 \times 0.38 = 9.5 \text{(Hz)}$$

$$f_H = 25 \times 5.9 = 148 \text{(Hz)}$$

若根据 E6 系列选用 C_3 , C_4 为 $1.5\mu F$,则有

$$R_{10} = R_{11} = 1/(2\pi 9.5 \times 1.5\mu F) \approx 11 k\Omega$$

由于 $R_{10} = R_6 + R_8$,若 $R_6 = R_7 = 1 k\Omega$,则有 $R_8 = R_9 = 10 k\Omega$,则

$$C_1 = 1/(2\pi 148 \cdot 1 k\Omega) \approx 1\mu F$$

若 $R_{13} = 10 k\Omega$,则有

$$C_5 = 1/(2\pi 148 \cdot 10 k\Omega) \approx 0.1\mu F$$

根据这些电阻与电容值进行仿真,其结果如图 9.25 所示。开

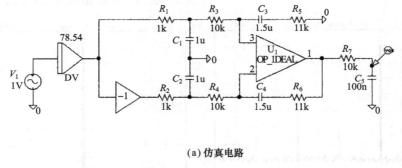

(a) 仿真电路

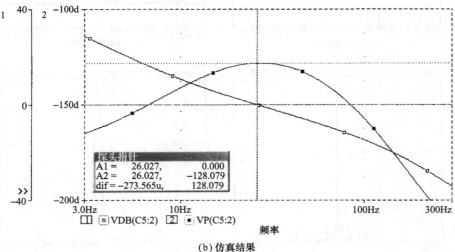

(b) 仿真结果

图 9.25　开环特性的仿真

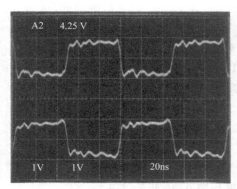

照片 9.7　鉴相器 AD9901 的差动输出波形

环增益为 0dB 时,频率为 26.027Hz,这时相位滞后为 $-128.079°$,相位裕量约为 $48°$,可得到设计的大致值。

9.4.3　输出波形

照片 9.7 是鉴相器 AD9901 的差动输出波形。它是各自占空比为 50%,而相位互为相反的波形。当 R_3 的阻值为 47Ω 时,在 R_4 和 R_5 中交互流经 10mA 电流,因此,输出振幅变为 1.8V。

图 9.26 是输出波形的频谱。由图 9.26(a) 所示的高次谐波可知,2 次谐波失

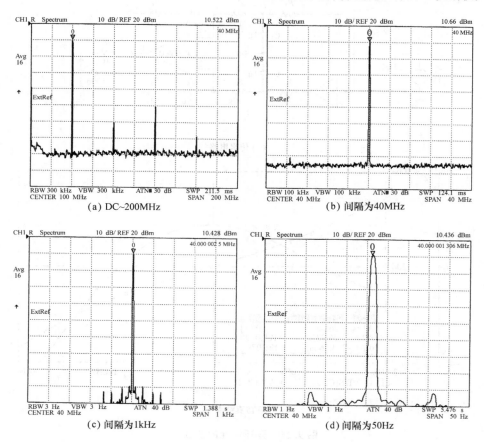

图 9.26　输出波形的频谱

真为−50dBc,3 次谐波失真为−40dBc。图 9.26(b)是间隔为 40MHz 时的频谱,根本观察不到相位比较频率 10MHz 中的寄生成分。

图 9.26(c)和(d)所示为振荡频率附近的相位噪声特性。可以观察到电源频率的交流成分,但这是频谱分析仪的残留成分,并不是由 PLL 电路产生的。由于使用了 VCXO 电路,因此,相位噪声超出了频谱分析仪观测的界限。

图 9.27 是用调制磁畴分析仪 HP53310A 测试的振荡频率的直方图,它是一种非常好的正态分布图,测试的标准偏差为 42.5079mHz。

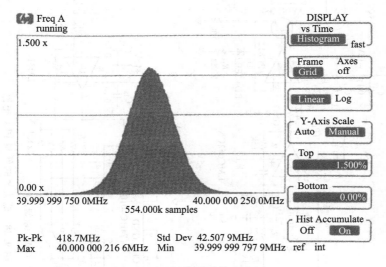

图 9.27 振荡波形的直方图

9.5 低失真的低频 PLL 电路

在图 5.16 中已经介绍了声频范围内失真小的状态可变型 VCO,本节介绍使用这种 VCO,应用于失真波合成等的低失真的低频 PLL 电路。

9.5.1 低失真的低频 PLL 电路

图 9.28 是设计的低频 PLL 总电路图。

输入信号为无失调电压的正弦波。该输入信号经 U_1 缓冲,由 U_2 比较器将其变换为 0～5V 的方波。由 R_2 和 R_3 构成正反馈电路,用于防止 U_2 输出波形上升沿产生的自激振荡。

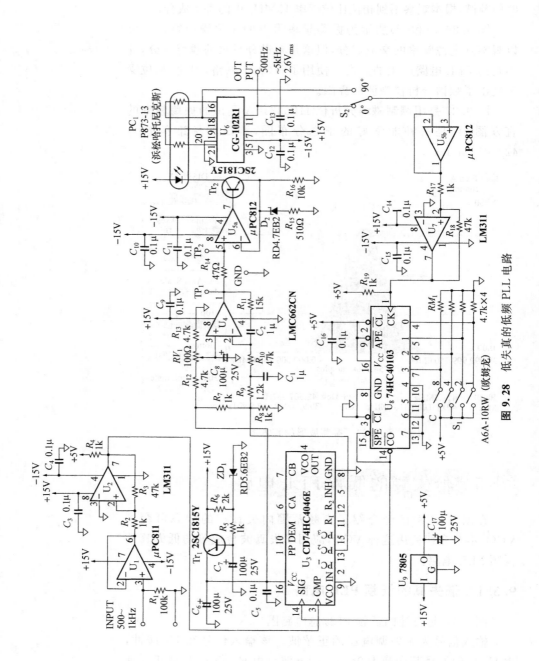

图 9.28 低失真的低频 PLL 电路

图 9.29 为该比较器工作的仿真电路及其结果。在输入正弦波通过 0°之前,比较器的输出几乎为 0V,因此,R_3 中无电流流通。输入正弦波通过 0°时,由于比较器具有一定的增益,因此,输出变为正电压,并通过 R_3 施加正反馈,输出变为+5V。

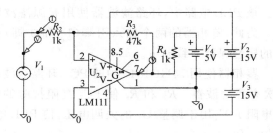

(a) 仿真电路

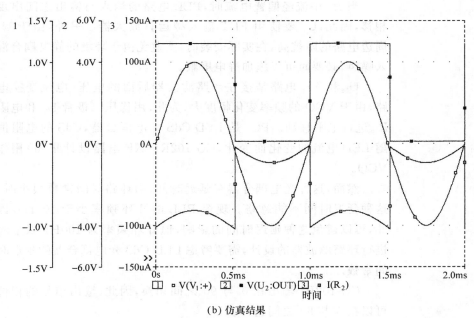

(b) 仿真结果

图 9.29 比较器的仿真

在输入信号通过 180°之前,输出为+5V。由于 R_3 的正反馈作用,输入端有电流流通,输入信号即使为 0V,输出仍为+5V。当输入信号电压为负,而 R_2 和 R_3 的两端电压相等时,输出趋向 0V 变化。因此,输入信号为 0°时,输出方波上升,而输出为 180°时,输出波形不下降,呈现出时滞特性。图 9.28 中的 74HC4046

鉴相器(U_3 的 3 脚)在输入的上升沿进行相位比较,因此,这就变为当输入信号 0°时进行相位比较。

如仿真结果所示,由于正反馈的作用,当比较器 U_2 的输出变化时,R_2 中电流急剧变化。为了防止该电流的急剧变化对输入信号的影响,接入 U_1 缓冲器。

该 PLL 电路中,环路滤波器使用有源滤波器,但相位需要反转。为此,鉴相器的两个输入引脚(14 和 3 脚)更换一下,与负反馈的极性保持一致即可。

鉴相器使用 74HC4046 中的 PC_2,环路滤波器使用 U_4 构成的 2 次有源滤波器。R_7 和 R_8 使 PC_2 高阻抗时的电压为 2.5V。可调电阻 RV_1 用于调整 U_4 的失调电压,使 PLL 电路的输入与输出相位一致。

当 R_{10} 中流经偏置电流时,PLL 电路的输入与输出之间出现相移,因此,U_4 要使用 FET 输入型运算放大器。另外,由于 U_4 周边电路的阻抗高,在实际安装时,要避免由于环境的静电耦合混入噪声,必要时可以施加静电屏蔽。

U_{5a} 和 Tr_2 电路是接在环路滤波器后面的电压–电流变换电路,由于 VCO 的频率变化幅度大,为此,用稳压二极管 D_2 和电阻 R_{15} 进行电平移动。PC_1 是 LED-CdS 光电耦合器,CdS 的电阻值随 LED 电流的变化而变化,CG-102R1(NF 电路设计集团)用作 VCO。

然而,这种光电耦合器有延迟时间,当环路时间常数很小时,这种延迟时间不能忽略。现今 PLL 的开环频率小于 100Hz,因此,可以避免这种延迟时间的影响,但开环频率为 100Hz 以上时进行环路滤波器的设计,需要考虑 LED-CdS 光电耦合器的延迟时间常数。

CG-102R1 输出在 0°与 90°之间切换,因此,输出信号的相位可以在 0°与 90°之间选择。

这与输入信号时一样,U_{5b} 与 U_7 是将 VCO 的输出正弦波变换为方波的电路。

9.5.2 环路滤波器的设计

图 9.30 是光电耦合器与 CG-102 组合的 VCXO 的控制电压–振荡频率特性。输入信号为 1kHz 时,产生 2 次～5 次谐波。

输出为 2 次谐波、2kHz 时,f_{vpn} 为:

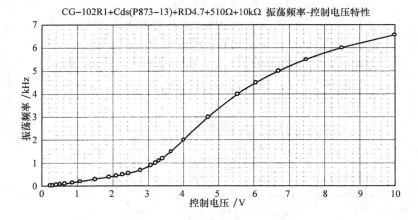

CG−102R1+Cds(P873−13)+RD4.7+510Ω+10kΩ 振荡频率-控制电压特性

图 9.30 VCO 的振荡频率-控制电压特性

$$f_{\text{vpn}(2\text{kHz})} = \frac{(3\text{kHz} - 1.5\text{kHz}) \cdot 2\pi}{4.706\text{V} - 3.639\text{V}} \cdot \frac{5\text{V}}{4\pi} \cdot \frac{1}{2\pi \cdot 2}$$

$$\approx 280\text{Hz}$$

输出为 5 次谐波、5kHz 时，f_{vpn} 为：

$$f_{\text{vpn}(5\text{kHz})} = \frac{(5.5\text{kHz} - 4.5\text{kHz}) \cdot 2\pi}{7.472\text{V} - 6.065\text{V}} \cdot \frac{5\text{V}}{4\pi} \cdot \frac{1}{2\pi \cdot 5}$$

$$\approx 56.6\text{Hz}$$

根据锁相速度与 VCO 输出的失真情况，按 $M = -10\text{dB}$ 来设计 $50°$ 的相位裕量。

为了确保环路滤波器的相位滞后为 $40°$，根据 $M = -10\text{dB}$ (0.316)，这时上限/下限频率为：

$$f_{(-40°\text{H})} = 280\text{Hz} \times 0.316 \approx 88.6\text{Hz}$$

$$f_{(-40°\text{L})} = 56.6\text{Hz} \times 0.316 \approx 17.9\text{Hz}$$

因此，确保 $40°$ 相位滞后的上限/下限频率之比为：

$$88.6\text{Hz} \div 17.9\text{Hz} \approx 4.95$$

确保 $40°$ 相位滞后的中心频率 f_{m} 为：

$$f_{\text{m}} = \sqrt{88.6\text{Hz} \times 17.9\text{Hz}} \approx 39.8\text{Hz}$$

根据附录 B 中图 B.2(b) 的曲线图，求出 f_{H} 的规格化数值时，X 轴对应值 4.95，在它与 $-40°$ 交点处对应 Y 轴为 3.5，由此可求出

$$f_{\text{H}} = 39.8\text{Hz} \times 3.5 \approx 139.3\text{Hz}$$

同样，根据图 B.2(c) 的曲线图，求出 f_{L} 的规格化数值时，X 轴对应值 4.95，在它与 $-40°$ 交点处对应 Y 轴为 0.29，由此求出

$$f_L = 39.8Hz \times 0.29 \approx 11.5Hz$$

设 $C_1 = 1\mu F$，由 $f_H \approx 139.3Hz$，可求出 $R_9 \approx 1.14k\Omega$。

设 $C_2 = 1\mu F$，由 $f_L \approx 11.5Hz$，可求出 $R_{11} \approx 13.8k\Omega$。

若根据 E24 系列选用 R_{11} 为 15kΩ，由 $M = -10dB$，则有

$$R_9 + R_{10} \approx R_{11} \times 3.16 \approx 47.4k\Omega$$

由 E24 系列选用

$$R_9 = 1.2k\Omega, R_{10} = 47k\Omega$$

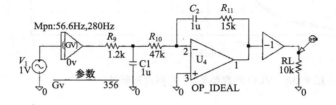

(a) 仿真电路

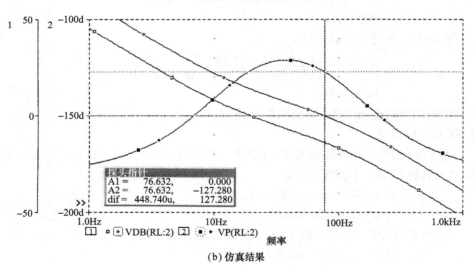

(b) 仿真结果

图 9.31   开环特性的仿真

根据这些电阻与电容值对图 9.31(a)进行仿真，其结果如图
9.31(b)所示。当输出频率为 2kHz 时，开环频率为 76.632Hz，这
时相位滞后为 127.28°（相位裕量约为 53°），当输出频率为 5kHz
时，也能得到同样大的相位裕量。

9.5.3 输出波形的合成

在失真非常低的低频 PLL 电路中,输入 1kHz 的正弦波,采用图 9.32 所示的反相加法电路将输入输出波形进行合成,合成的波形如照片 9.8 所示。

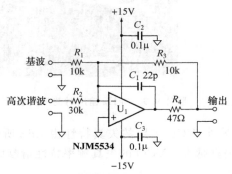

图 9.32 反相加法电路

照片 9.8(a)是 2 次谐波、相位设定为 90°,而基波通过 0°时,高次谐波的相位变为 90°的情况。

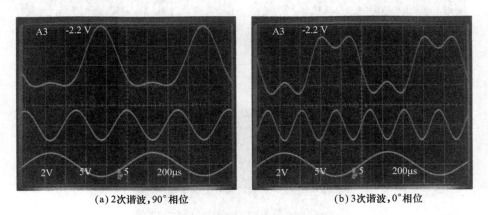

(a)2次谐波,90°相位　　　　(b)3次谐波,0°相位

照片 9.8 高次谐波合成波形

照片 9.8(b)是 3 次谐波、相位设定为 0°,而基波通过 0°时,高次谐波的相位变为 0°的情况。

照片 9.9 是 3kHz 输出时失真的李沙育图形。这表示与 VCO 本身失真相同,并没有因相位比较成分的泄漏而引起失真的增大。

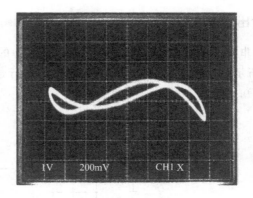

照片 **9.9** 3kHz 输出时的失真成分(0.014%)

另外，VCO 电路的失真特性由 CdS 所支配，CdS 阻值越大，低频失真越大。VCO 的失真频率特性请参照图 5.18。

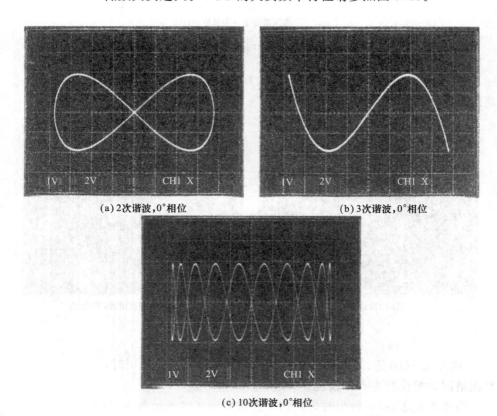

(a) 2次谐波,0°相位　　　　　　　(b) 3次谐波,0°相位

(c) 10次谐波,0°相位

照片 **9.10** 输入频率为 500Hz、相位为 0°时,输入输出波形的李沙育图形

　　照片 9.10 是输入频率为 500Hz，相位设定为 0°时，2 次、3 次和 10 次谐波的输入输出李沙育图形。照片 9.11 是设定相位改为 90°时的李沙育图形。当输出相位有偏移时，照片 9.11(c)中亮线发生双重偏移。为此，边观察这些李沙育图形，边调节可变电阻 RV_1，可以准确地调整相位。

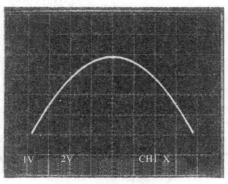

(a) 2次谐波，90°相位

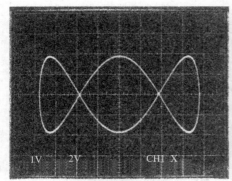

(b) 3次谐波，90°相位

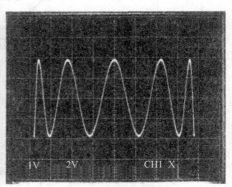

(c) 10次谐波，90°相位

照片 9.11 输入频率为 500Hz、相位为 90°时，输入输出波形的李沙育图形

附录 B 环路滤波器设计用规格化曲线图

附图:各公司 4046 的振荡频率–控制电压特性

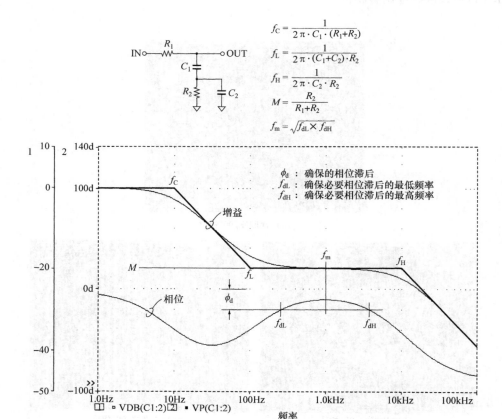

$$f_C = \frac{1}{2\pi \cdot C_1 \cdot (R_1+R_2)}$$

$$f_L = \frac{1}{2\pi \cdot (C_1+C_2) \cdot R_2}$$

$$f_H = \frac{1}{2\pi \cdot C_2 \cdot R_2}$$

$$M = \frac{R_2}{R_1+R_2}$$

$$f_m = \sqrt{f_{dL} \times f_{dH}}$$

ϕ_d : 确保的相位滞后
f_{dL} : 确保必要相位滞后的最低频率
f_{dH} : 确保必要相位滞后的最高频率

图 B.1 无源超前滞后滤波器设计的常数

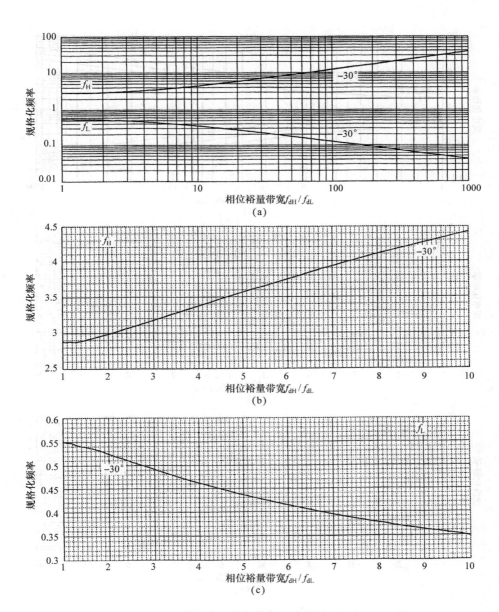

图 B. 2 无源超前滞后滤波器的规格化曲线图（M：-10dB）

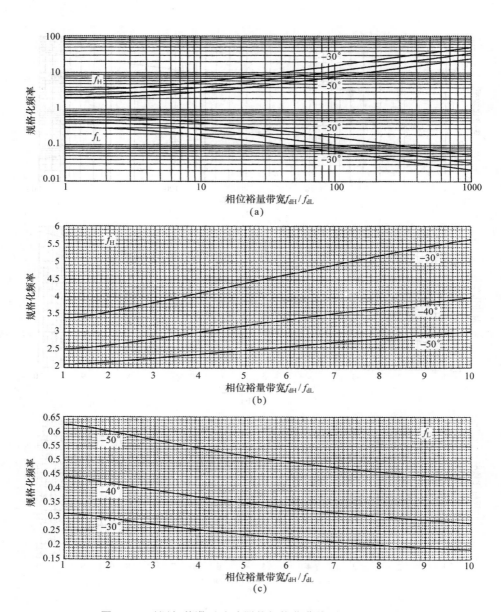

图 B. 3 无源超前滞后滤波器的规格化曲线图(M：-20dB)

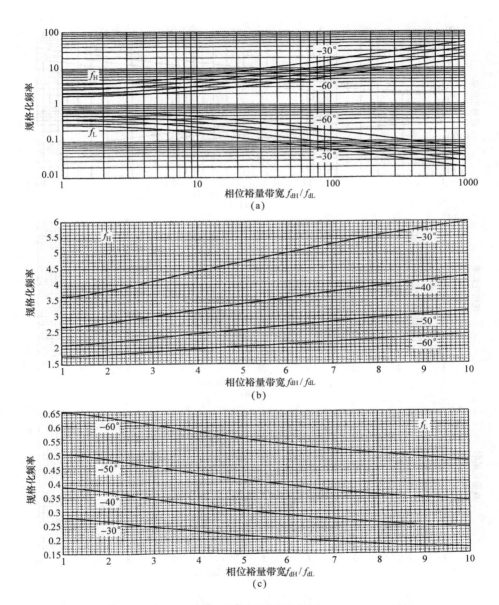

图 B. 4 无源超前滞后滤波器的规格化曲线图(M：-30dB)

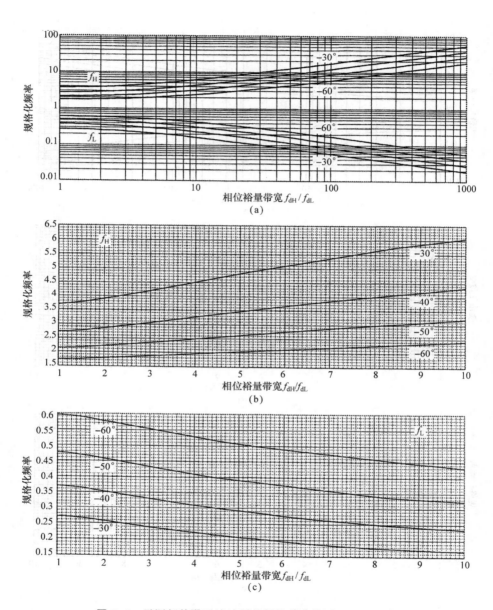

图 B. 5 无源超前滞后滤波器的规格化曲线图(M：-40dB)

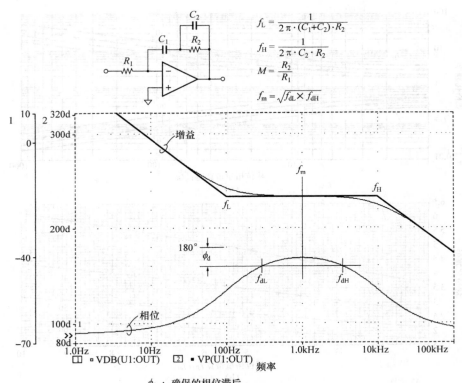

$$f_{\mathrm{L}} = \frac{1}{2\pi \cdot (C_1 + C_2) \cdot R_2}$$

$$f_{\mathrm{H}} = \frac{1}{2\pi \cdot C_2 \cdot R_2}$$

$$M = \frac{R_2}{R_1}$$

$$f_{\mathrm{m}} = \sqrt{f_{\mathrm{dL}} \times f_{\mathrm{dH}}}$$

ϕ_{d} : 确保的相位滞后
f_{dL} : 确保必要相位滞后的最低频率
f_{dH} : 确保必要相位滞后的最高频率

图 B.6 有源 2 次超前滞后滤波器设计的常数

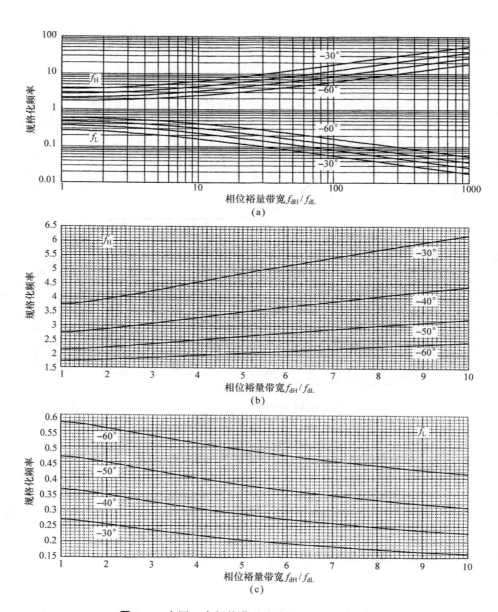

图 B.7　有源 2 次超前滞后滤波器的规格化曲线图

设 $C_2 = C_3$,　$R_3 = R_4 \ll R_1$

$$f_L = \frac{1}{2\pi \cdot C_1 \cdot R_2}$$

$$f_H = \frac{1}{2\pi \cdot C_2 \cdot R_3}$$

$$M = \frac{R_2}{R_1 + R_3}$$

$$f_m = \sqrt{f_{dL} \times f_{dH}}$$

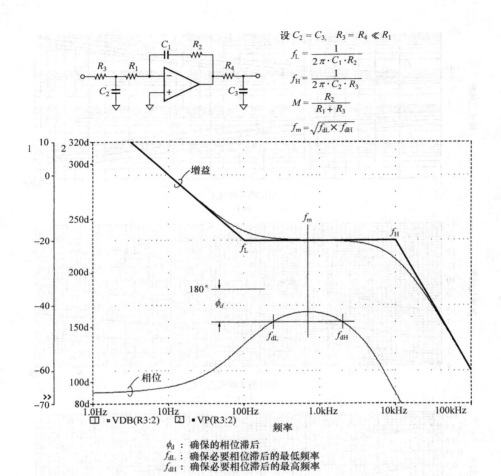

ϕ_d　：确保的相位滞后
f_{dL}　：确保必要相位滞后的最低频率
f_{dH}　：确保必要相位滞后的最高频率

图 B. 8　有源 3 次超前滞后滤波器设计的常数

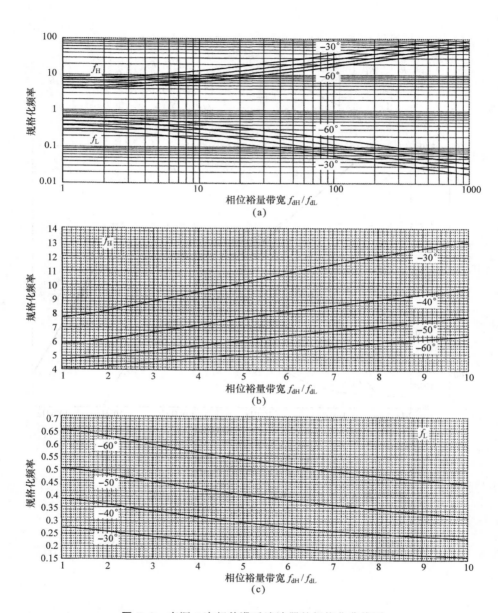

图 B.9 有源 3 次超前滞后滤波器的规格化曲线图

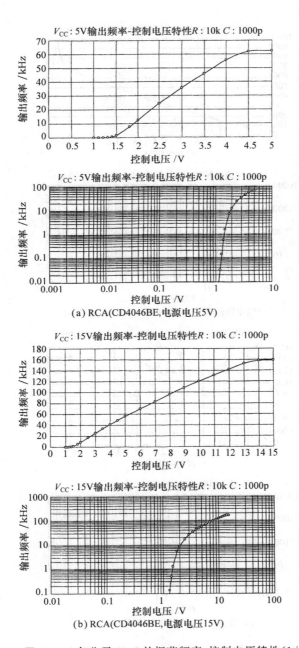

（a）RCA(CD4046BE,电源电压5V)

（b）RCA(CD4046BE,电源电压15V)

图 B.10　各公司 4046 的振荡频率–控制电压特性（1/3）

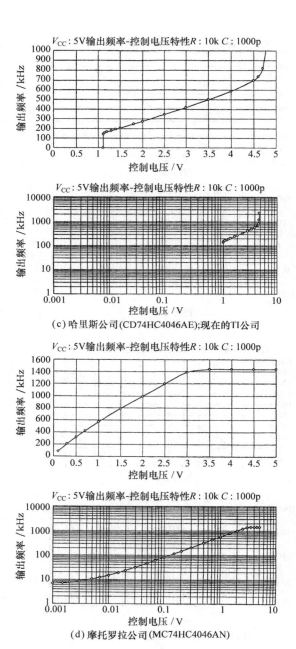

(c) 哈里斯公司(CD74HC4046AE);现在的TI公司

(d) 摩托罗拉公司(MC74HC4046AN)

图 B. 10 各公司 4046 的振荡频率-控制电压特性(2/3)

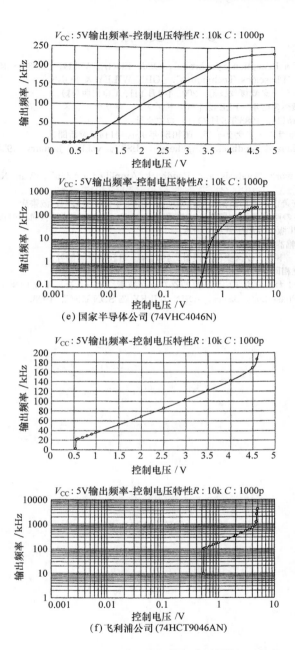

(e) 国家半导体公司 (74VHC4046N)

(f) 飞利浦公司 (74HCT9046AN)

图 B. 10 各公司 4046 的振荡频率-控制电压特性(3/3)

参 考 文 献

[1] H. de Bellescize ; "La Reception Synchrone", Onde Electr., Vol.11, pp.230～240, June 1932.

[2] Floyd M. Gardner ; "Phaselock Techniques", JOHN WILEY & SONS.

[3] 西村芳一；無線によるデータ変復調技術，2002年9月1日，CQ出版(株).

[4] 山下和郎；移動無線機への応用 PLL設計ハンドブック，トリケップス.

[5] 赤羽 進，他；電子回路(1)，1986年5月20日，コロナ社.

[6] 岡田清隆 訳；スペクトラム・アナライザ，昭和54年9月，日刊工業新聞社.

[7] H. S. Black ; "Stabilized Feedback Amplifiers", BSTJ, vol.13, January 1934, U.S. Patent No.2,102,671.

[8] H. W. Bode ; "Network Analysis and Feedback Amplifier Design", Van Nostrand, New York, 1945.

[9] H. W. ボーデ著，喜安善市訳；回路網と帰還の理論，1955年5月28日，岩波書店.

[10] 北野 進，他；電蓄の回路設計と製作，1957年3月20日，ラジオ技術社(同書の復刻版が2000年11月1日にアイエー出版より出版されている).

[11] 斉藤彰英；負帰還増幅器，1959年12月，近代科学社.

[12] 金井 元；例解演習 トランジスタ回路設計，1974年，日刊工業新聞社.

[13] 柳沢 健 編；PLL(位相同期ループ)応用回路，総合電子出版社.

[14] 木原雅巳，小野定康；わかりやすいデジタルクロック技術，オーム社，平成13年5月25日.

[15] William F. Egan ; Phase-Lock Basics, JOHN WILEY & SONS,INC., 1998.